BANSHI
SHEJI

版式设计

钟澜 郑仁思 罗婧 主编

中国言实出版社

图书在版编目（CIP）数据

版式设计 / 钟澜，郑仁思，罗婧主编 . -- 北京：中国言实出版社，2024. 9. -- ISBN 978-7-5171-4958-3

Ⅰ . TS881

中国国家版本馆 CIP 数据核字第 20243EM881 号

版式设计

责任编辑：李　岩
责任校对：朱中原

出版发行：中国言实出版社

地　址：北京市朝阳区北苑路 180 号加利大厦 5 号楼 105 室
邮　编：100101
编辑部：北京市海淀区花园北路 35 号院 9 号楼 302 室
邮　编：100083
电　话：010-64924853（总编室）　010-64924716（发行部）
网　址：www.zgyscbs.cn　电子邮箱：zgyscbs@263.net

经　销：新华书店
印　刷：三河市祥达印刷包装有限公司
版　次：2024 年 9 月第 1 版　2024 年 9 月第 1 次印刷
规　格：889 毫米 × 1194 毫米　1/16　12.75 印张
字　数：200 千字

定　价：59.80 元
书　号：ISBN 978-7-5171-4958-3

PREFACE

前言

当下，数字化技术的发展导致信息量呈指数式增长，进而增加了信息筛选与接收的难度。清晰简洁的版式设计能够有效缓解人们在处理信息时的压力，提高信息传播的精度与准度。因此，版式设计日益成为艺术设计专业的重要课程之一。

本书立足实际，服务教育教学，全面、系统地讲解了版式设计的相关知识，旨在帮助学生熟练掌握版式设计的方法和技巧，增强自身的设计实践能力与创新能力。

具体而言，本书具有以下特色。

1. 立德树人，润物无声

党的二十大报告强调："育人的根本在于立德。"本书认真贯彻落实党的二十大精神，在讲解版式设计相关知识的过程中，将爱国教育、文化传承和文化创新等德育元素融入其中，通过"润物细无声"的方式，让学生在掌握相关技能的同时，逐步树立健康的艺术观和价值观，坚定文化自信与民族自信。

2. 校企合作，实训导向

本书紧扣课程教学大纲与企业实际需求，以产教融合的模式培养学生，兼顾理论教学和实践应用，让学生真正做到学以致用。本书在每个项目的结尾都设置了"项目实训"，让学生在实际操作中夯实基本功。此外，每个任务还包含"任务导入""任务实施"等模块，融入了众多典型的案例，旨在为学生提供贴近实际的学习情境。

3. 理念前沿，创新教学

本书切实践行"以学生为主体、以教师为主导、以能力为目标"的教育理念，力求打破传统的教学模式，构筑双向交流、充满活力的课堂环境。本书采用"项目—任务"的结构展开课程内容，鼓励学生在完成具体任务的过程中主动探索、积极思考，充分激发学生的学习热情和参与意识。

4. 模块丰富，内容充实

本书精心设计了多种模块，旨在丰富教材内容，增添学习的趣味性，从而全面优化学生的学习体验。例如，在项目开头设置“项目导读”和“学习目标”，帮助学生整体把握该项目的内容，明确学习重点；在正文部分灵活穿插“课堂互动”“知识链接”“名词解释”等特色模块，不仅有助于调节课堂气氛，还能帮助学生拓宽视野，享受学习的乐趣。

5. 图文并茂，版式精美

本书以图文结合的方式将相关知识点可视化，便于学生理解与掌握。在图片选择方面，本书注重图片的质量与相关性，确保图片与文字内容紧密贴合；在版式设计方面，本书在保证布局合理、图文清晰的同时，采用了灵活多样的编排方法，旨在增强学生的阅读兴趣。

6. 平台支撑，实现多维教学

本书配有丰富的数字资源，读者可以借助手机或其他移动设备扫描二维码观看微课视频，也可以登录文旌综合教育平台“文旌课堂”查看和下载本书配套资源，如教学课件、课后习题答案等。读者在学习过程中有任何疑问，都可以登录该平台寻求帮助。

此外，本书还提供了在线题库，支持“教学作业，一键发布”，教师只需登录“文旌课堂”App，即可迅速选题、一键发布、智能批改，并查看学生的作业分析报告，提高教学效率、提升教学体验。学生可在线完成作业，巩固所学知识，提高学习效率。

本书由钟澜、郑仁思、罗婧担任主编，张慧玲、王之栋、程珂、侯靖宇、鞠广东、刘利华担任副主编。由于编者水平有限，书中难免存在疏漏或不当之处，敬请广大读者批评指正。

特别说明：

(1) 本书在编写过程中，参考了大量的资料并引用了部分文章和图片等。这些引用的资料大部分已获授权，但由于部分资料来自网络，我们未能确认出处，也暂时无法联系到原作者。对此，我们深表歉意，并欢迎原作者随时与我们联系，我们将按规定支付酬劳。

(2) 本书所选案例均来源于真实事件，但为了避免引起误会，部分人物使用了化名。

(3) 本书未注明资料来源的案例均为编者自编或根据真实事件、素材改编。

本书配套资源下载网址

网址：https://www.wenjingketang.com

CONTENTS

目录

项目一

1 走近版式设计

- 任务一　初试锋芒——初识版式设计
- 任务二　循序渐进　　熟悉版式设计的构成要素
- 任务三　渐入佳境——解读版式设计的形式法则和基本程序

项目导读

当你需要将一堆零散的文字、几张规则或不规则的图片和一些各具特色的符号组合在一起时，你会采取何种方式呢？如果掌握了版式设计的技巧，你就会知道，遵循版式设计的原理将这些元素组合在一起，并通过布局优化和细节调整，就能够实现美化版面且有效传达信息的目的。

本项目包括三项任务，即“初识版式设计”“熟悉版式设计的构成要素”和“解读版式设计的形式法则和基本程序”，主要讲解了什么是版式设计、版式设计的特征和意义、版式设计的构成要素、版式设计的形式法则和基本程序等知识。本项目通过理论知识和典型案例的结合，帮助学生全面而系统地了解版式设计，同时通过任务实施和项目实训等模块让学生由理论走向实践，以加深对知识的理解，形成对版式设计的整体认识，进而提升综合设计能力。

学习目标

【知识目标】

1. 了解版式设计的定义、特征及意义。
2. 了解点、线、面在版式设计中的重要作用。

【技能目标】

1. 掌握点、线、面的表现形态与构成方法。
2. 掌握版式设计的方法与流程。
3. 能够运用所学知识进行版式设计，提高设计实践能力。

【素养目标】

1. 通过寻找并分析生活中的版式设计作品，培养审美意识和批判性思维。
2. 通过赏析中国的优秀设计作品，培养自觉传承中华传统文化的意识，树立文化自信，增强民族自豪感。

任务一 初试锋芒——初识版式设计

任务导入

相约宋朝画中人，共谱一曲“千年调”

《千年调·宋代人物画谱》是中央广播电视总台CGTN和欧洲拉美地区语言节目中心联合发布的“新时代的中国”多语种海外传播重点节目。该节目通过数字化手段和国际化的表达方式，将博大精深的中华传统文化镶嵌在一帧帧精美的画面中，架起了东西方文化沟通的桥梁，引导国际受众感悟中华文化之美。

其网站设计完美还原了传统宋画的风格，或将人物置于画面中心以突出主体，或利用文字与花鸟等元素烘托人物形象，使得版面层次清晰，和谐有致，吸引着读者一站式品读宋画的技法与思想内涵，如图1-1所示。

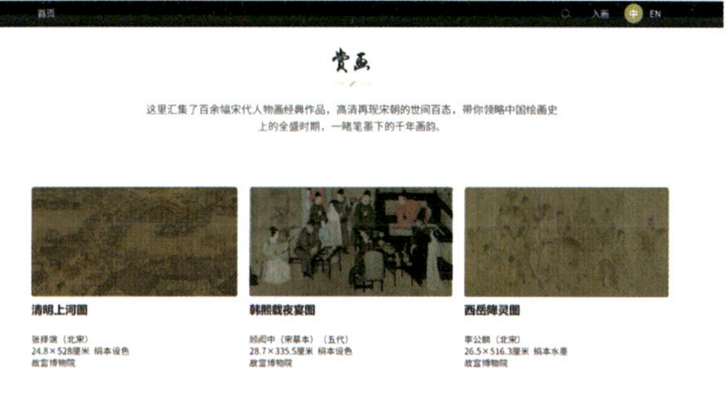

图1-1 《千年调·宋代人物画谱》线上展厅

你是否也会被精美的网页吸引而驻足观赏呢？可见，精美的网页设计能够有效吸引读者的注意力，使读者更愿意停留在页面上，探索更多的内容。版式设计是网页设计中的一个重要组成部分，想要设计出精美的网页，就必须先掌握版式设计的相关知识。接下来，我们就一起来认识一下什么是版式设计吧。

一、什么是版式设计

版式设计是指设计人员根据设计主题和视觉需求，在限定的版面内，运用造型要素和形式原则，将文字、图片、符号及色彩等视觉传达元素有机组合和布局的设计行为与过程。① 版式设计广泛应用于书籍、海报、广告、网页等多个领域，是现代设计的重要组成部分，也是视觉传达的重要手段，如图1-2所示。

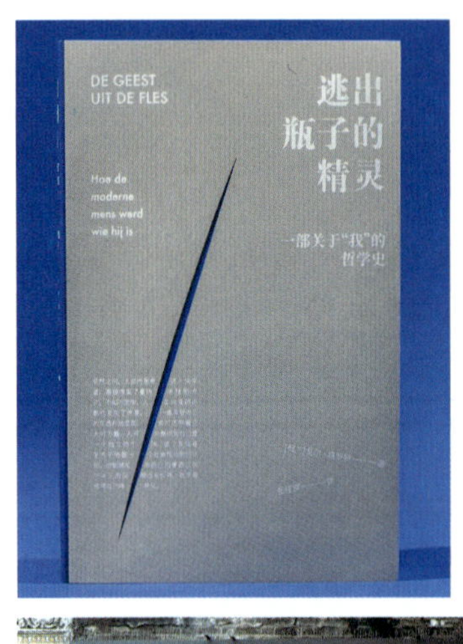

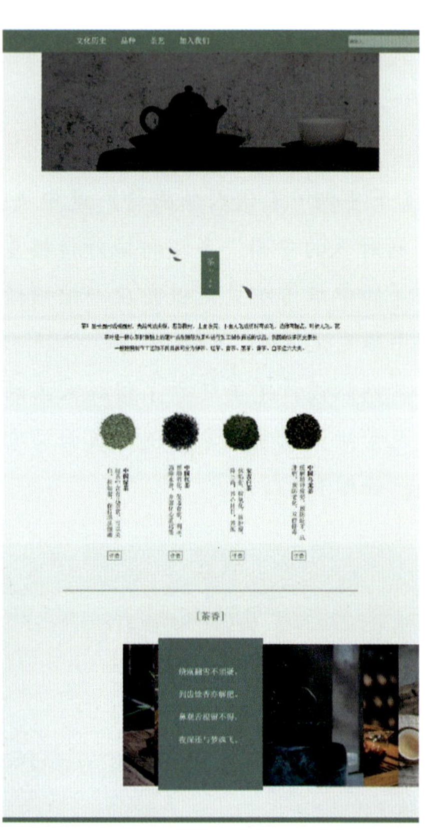

图1-2　版式设计在生活中的应用

课堂互动

你在生活中见到过哪些版式设计作品？它们给你留下了怎样的印象？

生活中不同
版式设计欣赏

二、版式设计的特征

（一）传播性

版式设计的传播性是指设计作品在传递信息时所具有的能力和影响力。优秀的版式设计能够加强信息的传播效果，使信息更加快速、准确和深入地传达给目标群体。在实际设计时，设计者应通过合

① 韩旭，周俊，李媛．版式设计［M］．北京：兵器工业出版社，2013．

理布局，清晰地划分信息的主次，以帮助读者获取重要信息，从而实现信息传播的目的。

（二）艺术性

随着现代生活水平的提高，人们的审美水平也不断提高。这就要求版式设计不仅要完成信息传播的基本功能，同时还要塑造优美的视觉形象，以提升艺术价值。

（三）规律性

任何设计艺术都应遵循一定的规律，版式设计也不例外。形式美法则要求版式设计在布局方面追求编排的合理性与美观性，即有效利用空间，有规律地组织各种元素，从而产生秩序美。

（四）指示性

版式设计往往是和特定的商品及装饰对象联系在一起的，在设计过程中常常带有特定的指示性，即广告作用。从现代社会的信息传播情况来看，人们接收外界信息的模式发生了巨大变化，版式设计作为视觉传达的重要手段，具有较强的指示性，应用得好便可以加深信息接收者的印象。

三、版式设计的意义

版式设计的意义就是让文字、图片、符号、色彩等视觉元素，在有限的空间中最大限度地发挥其表现力，以丰富版面的视觉效果，强化版面所要表达的主题，并以版面特有的艺术感染力吸引读者的目光，进而达到信息传达的目的。

总之，版式设计不仅仅是视觉美化的工作，更是信息传播、文化表达及创意展现的重要手段，在提升版面的信息传播效果和视觉吸引力、塑造品牌形象等多方面均有重要意义。

任务实施

你是否也喜欢戴上耳机，沉浸于音乐的世界里，享受片刻“抽离”的感觉呢？

那些经典的音乐专辑总是能将人带入一个奇妙的世界。而经典的专辑，也一定离不开有设计感的封面。请同学们选择自己最喜欢的一张音乐专辑，向大家介绍该专辑的封面设计。

1. 搜集资料

搜集相关资料，深入了解你喜欢的专辑封面的版式设计。

2. 分析版式

根据所学知识，试从文字、图片、色彩、编排等方面分析这张专辑封面的版式设计。

3. 展示成果

在课堂上展示专辑封面，并向大家讲解其设计理念以及专辑背后的故事。

4. 交流分享

听取教师的建议和评价，积极与其他同学展开讨论，互相分享心得体会。

任务二　循序渐进——熟悉版式设计的构成要素

任务导入

一针一线成就点、线、面

打籽绣是中国刺绣的传统针法之一，又叫“结籽”“圈子针”。它是用丝线结成一个个籽状的线疙瘩，然后将其组合、构成纹样的针法，如图1-3所示。这种针法主要用于苏绣，常被用来表现如花卉、动物、人物等装饰性较强的图案。因其成品具有坚固耐用的特点，所以这种针法在传统服饰、手工艺品中应用广泛。随着时代的发展，打籽绣也登上了时装的舞台，展现出不一样的风采，如图1-4所示。

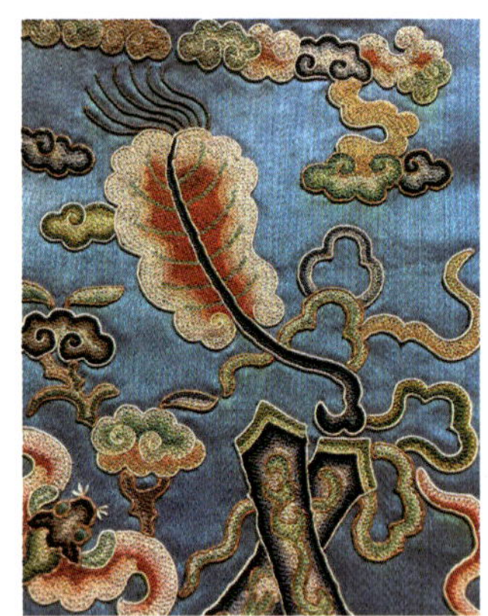

图1-3　打籽绣

图1-4　时装中的打籽绣

可以看出，打籽绣就是将点组合成线、再由线生成面，加上丰富的色彩变化，构成了具象或抽象的图案，从而呈现出富于变化的视觉效果。这些巧妙构思的背后是设计者对点、线、面等构成要素的深刻理解。由此可见，深入了解点、线、面等元素，有利于我们更加熟练地运用它们，进而创造出更多更好的作品。接下来，我们就一起来学习在版式设计中如何运用点、线、面元素，以丰富版面效果。

一、点

（一）“点”的形态

点，是构成版面最基本的单位。通过改变点的大小、数量、分布等，可以为版面营造出不同的视觉效果，给人不同的心理感受。

在版式设计中，常见的“点”的分布形式有上下式、左右式、左上式、右上式、左下式、右下式、边缘发散式、中心发散式和自由式[①]，如图1-5～图1-13所示。

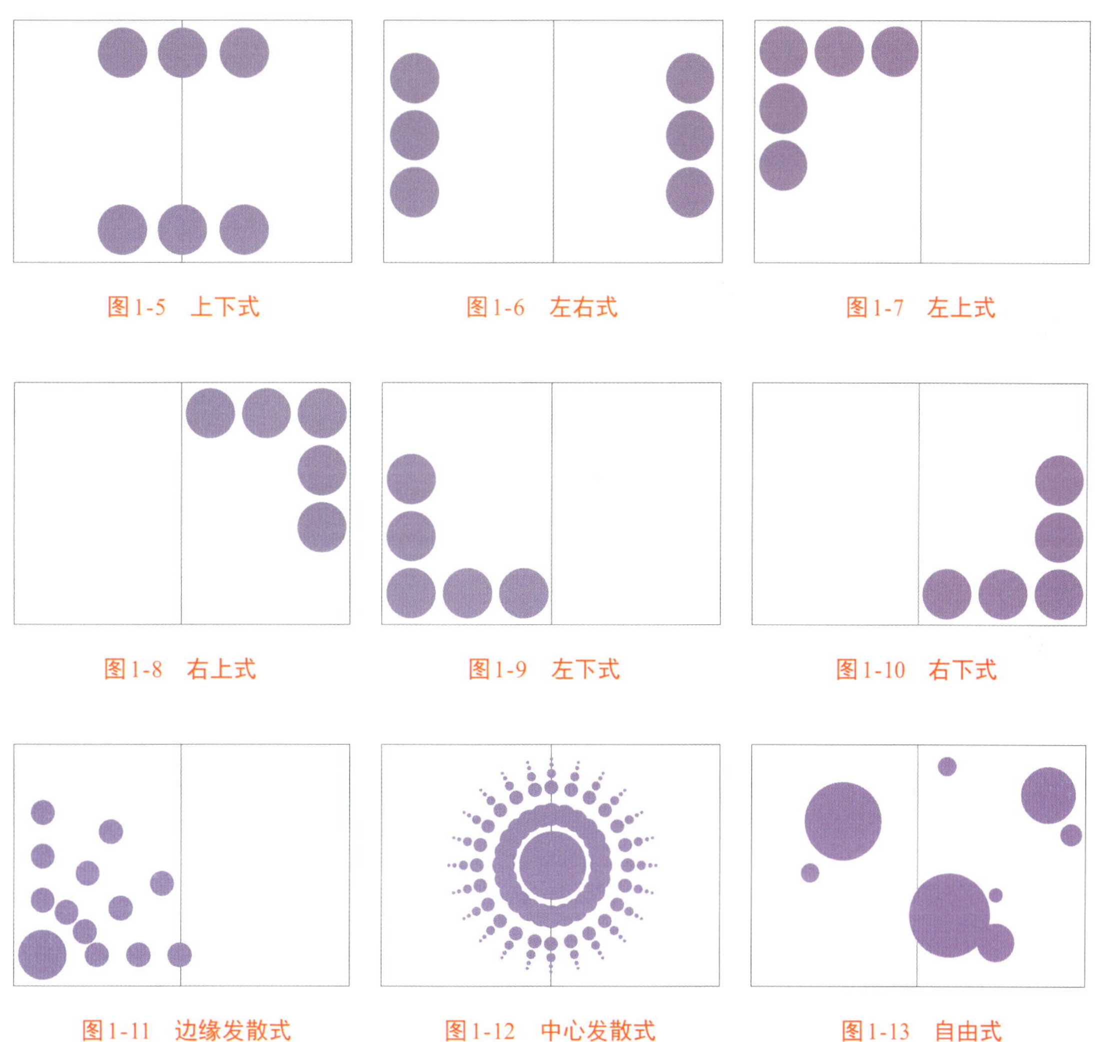

图1-5 上下式　图1-6 左右式　图1-7 左上式

图1-8 右上式　图1-9 左下式　图1-10 右下式

图1-11 边缘发散式　图1-12 中心发散式　图1-13 自由式

知识链接

版式设计中的“点”，并不是单指一个圆点。一个图形、一张图片、一个或几个文字等所有相对独立的元素在版式设计中均可称为“点”。判断一个元素是否属于“点”，主要取决于它与版面中其他元素的比例关系。

① 胡卫军．版式设计从入门到精通［M］．4版．北京：人民邮电出版社，2022．

在进行版式设计时，一是要注意“点”与整个版面的关系。相较于其他元素而言，“点”具有较强的聚焦作用，更容易吸引人的视线，因此，要把握好版面中“点”的大小，以使版面和谐。二是要注意“点”与其他元素的关系，既要各自独立，又要相互关联，以使版面具有均衡美感。

圆点女王——草间弥生

（二）“点”在版面中的作用

在版式设计中，处于不同位置的“点”会对版面编排效果产生极大的影响。因此，在有限的版面中，安排好“点”的数量与位置，达到强化主题、丰富版面的目的，是版式设计的关键之处。在这里，我们以常见的四种“点”的位置，来说明其对于版面的作用。

将“点”置于版面正中间，能够使版面呈现出稳定、规整的效果，同时还能起到突出主体、强化主题的作用，使读者的视线聚焦于版面正中，从而达到更好地传播信息的目的，如图1-14所示。

将“点”置于版面上方，符合人们由上向下的阅读习惯。同时，版面上方展示视觉信息，下方传达文字信息，呈现出稳定而平衡的视觉效果，如图1-15所示。

图1-14　置于版面正中的“点”

图1-15　置于版面上方的“点”

将“点”置于版面左侧，使人们第一时间受到“点”的吸引，然后向右阅读文字，符合人们从左向右的阅读习惯，能够给人亲切感和舒适感，如图1-16所示。

将“点”置于版面右侧，虽然打破了人们一贯的视觉流程，但会赋予版面活力，给人以新鲜感，如图1-17所示。

图1-16　置于版面左侧的“点”

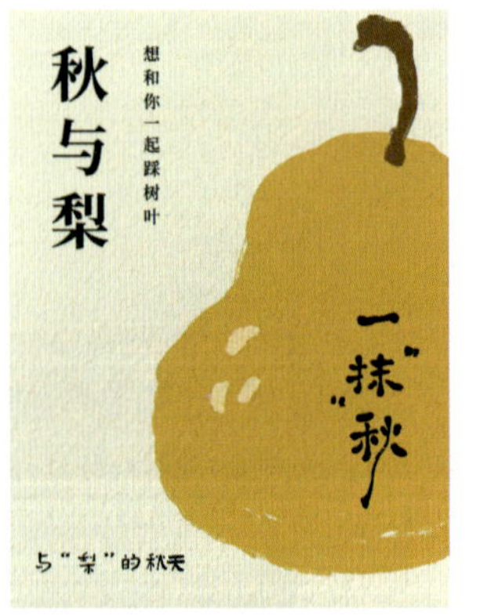

图1-17　置于版面右侧的“点”

在这里需要明确的是，版面中的“点”并没有规定必须置于哪个位置，设计者要根据版面的主题、与其他元素的关联性等因素灵活安排，以清晰传达信息和美化版面为宗旨。

二、线

（一）“线”的形态

线是“点”运动的轨迹。几何学上的线，只有长度、方向、位置和曲直的变化，没有粗细之分。而在设计中，凡是具有连续特性的构成元素都可以称之为“线”。

在版式设计中，水平线、垂直线、斜线、曲线等能使版面呈现出不同的视觉效果。

一般来说，水平线容易使人联想到辽阔的海洋、宽广的平原等，因此可以使版面显得平静、稳定，给人以开阔、安定、无垠的感觉，如图1-18所示。

垂直线容易使人联想到巍峨的山脉、高耸的建筑等，因此可以赋予版面纵向的延伸感，也不免伴有下落或上升的紧张感，如图1-19所示。

图1-18 水平线在版式设计中的应用

图1-19 垂直线在版式设计中的应用

斜线容易使人联想到飞翔、投射，虽然常给人失衡、不安定的感觉，但由于它可以产生强烈的动势，因此会使版面富有朝气和生机，如图1-20所示。

图1-20 斜线在版式设计中的应用

曲线又分为几何曲线和自由曲线。几何曲线规律性强，主要包括圆、椭圆、圆弧、抛物线等。这种曲线具有明确、清晰、易于识别等特点，能够使版面呈现出规律、明快的视觉效果，如图1-21所示。自由曲线富于动感变化，具有无拘无束、流畅奔放的特点，能够使版面呈现出自由、浪漫的风格，如图1-22所示。

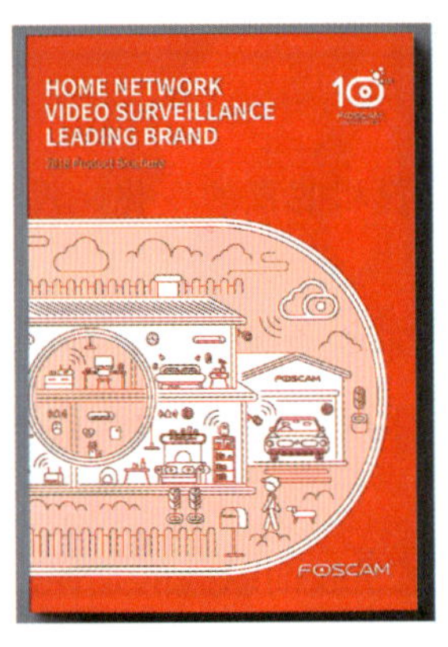

图1-21　几何曲线在版式设计中的应用

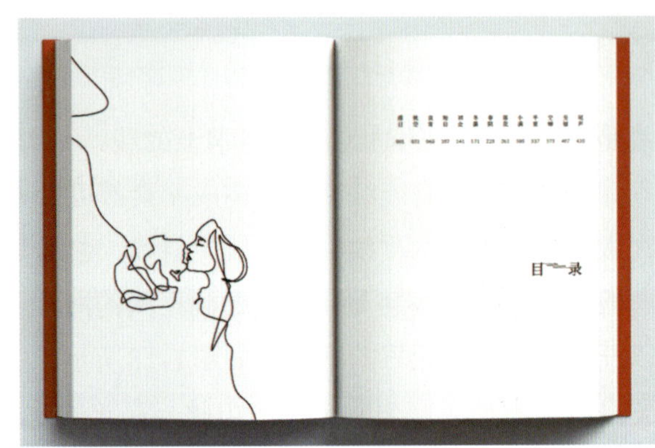

图1-22　自由曲线在版式设计中的应用

（二）“线”在版面中的作用

由于“线”是由“点”有形或无形地连接而成，因此，“线”在版式设计中的影响力要大于“点”。了解“线”在版式设计中的作用，有助于我们营造更加丰富的版面效果。“线”在版式设计中主要具有分割版面空间、约束版面内容和营造版面氛围三个方面的作用。

1. 分割版面空间

在版式设计中，“线”最基础的作用就是分割版面空间。利用“线”合理分割版面空间，不仅能够使版面结构清晰、主次分明，还能强化版面的秩序感，进而优化读者的阅读体验。常见的分割方式有以下几种。

用“线”将版面划分为若干个等面积的空间，使各部分内容在版面中具有相当的比重，这样会使版面布局规整，极具秩序美感，如图1-23所示。

用“线”将版面划分为若干个不等面积的空间，通过分割的大小来显示版面信息的重要程度，使得版面主次分明，具有节奏感，如图1-24所示。

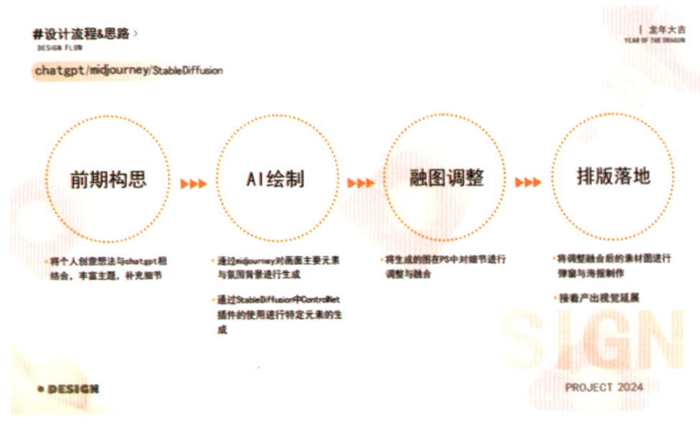

图1-23　用“线”划分等面积空间

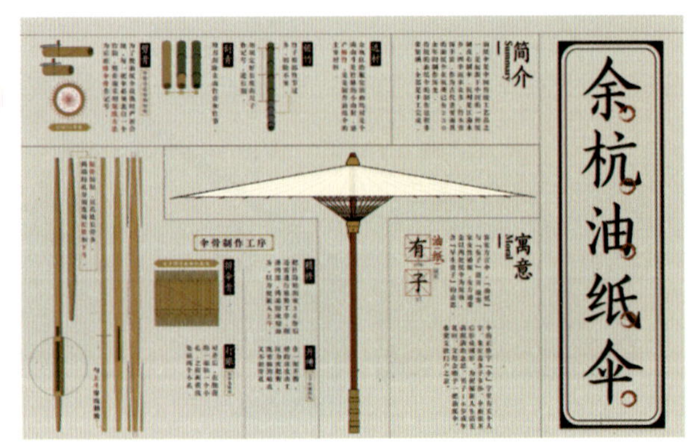

图1-24　用“线”划分不等面积空间

用直线划分的版面各部分的对比关系十分明确，能够使版面整齐且具有较强的逻辑性和条理性，如图1-25所示。

用曲线划分的版面各部分随曲线的弯曲程度而变形，具有较强的灵活性，在一些主题较为严肃的版式设计中，能够起到活跃版面气氛的作用，如图1-26所示。

图1-25 用直线划分版面　　图1-26 用曲线划分版面

需要注意的是，在同一个版面中，并非只能使用直线或曲线来分割版面空间，设计者可以根据版面内容的需要灵活选用线型，但要明确主次，避免造成画面凌乱。

2. 约束版面内容

除了分割空间，"线"还可以起到约束版面内容的作用。在设计的过程中，设计者可以根据版面的需要来改变线的粗细、方向等，以对版面内容形成约束。一般来说，线条越细，约束力越弱；线条越粗，约束力越强，如图1-27所示。此外，在"线"的开头或结尾添加装饰，能够使"线"具有方向性，从而引导人们阅读的顺序。

图1-27 用"线"约束版面内容

3. 营造版面氛围

合理运用"线"，能够为版面营造不同的氛围，进而达到更有效地传达信息的目的。在版式设计的过程中，将直线按照一定的规律排列，并在长短、粗细、虚实、方向等方面做出变化，能够使版面富有节奏与韵律，如图1-28所示。而将曲线按照一定的规律排列，能够强化版面的纵深感与层次感，如图1-29所示。

图1-28　用直线营造版面氛围

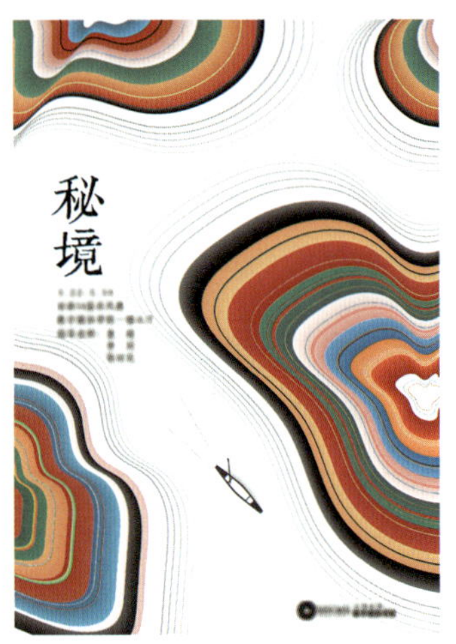

图1-29　用曲线营造版面氛围

三、面

（一）“面”的形态

在几何学中，“面”可以是“线”移动的轨迹，也可以是“线”围合封闭所形成的二维空间。“面”有长度、宽度，没有厚度。此外，“点”的密集或扩大、“线”的聚集也都能产生“面”。

在版式设计中，“面”是容纳“点”和“线”的空间，是构成各种可视化形态的基础。它具有强大的艺术表现力，能够丰富作品的内涵。我们一般将“面”分为几何面和自由面。

几何面是指按几何学法则构成的规则面。这种面在手绘时，一般需要圆规、尺子等作为辅助工具；用电脑绘制时，可直接使用图形工具。几何面具有秩序、理性、重复等特点，因此会使版面显得规矩，如图1-30所示。

图1-30　版式设计中的几何面

几何面以外的面，都可以称为“自由面”。自由面具有不规则性，由自由面组成的版面容易给人灵动、活泼、充满活力的感觉，如图1-31所示。

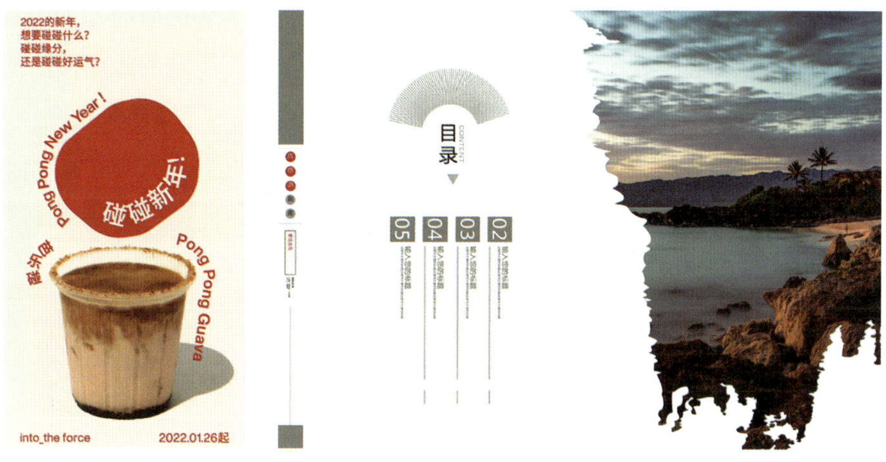

图1-31　版式设计中的自由面

（二）“面”在版面中的作用

“面”在版面中占据最大比重，它的“一举一动”对版面来说至关重要。一般来说，“面”具有平衡版面关系、深化版面情感的作用。

1. 平衡版面关系

“面”通常作为版面的主体，它本身具有信息传递的功能，但同时也要与其他元素相联系，使各个元素之间更有组织性，进而使版面整体平衡、和谐，如图1-32所示。

图1-32　用“面”平衡版面关系

这是旅行纪念册其中的几页，经过设计者的精心设计，照片所形成的“面”和文字达到了很好的平衡。由于每个版面照片的数量不同，设计者便将其或排列成矩形，或排列成阶梯状，使其所形成的“面”虽形态各异但均富有秩序感，再通过加粗左侧的文字或线条、添加图形元素等手法增强它们之间的联系，从而使版面整体呈现出和谐、平衡之感。

2. 深化版面情感

“面”在视觉上具有强烈的表现力，它所具有的情感会随着其形态的变化而变化。一般来说，如正方形、长方形等规矩的“面”，能够更好地塑造以表达严肃、忧伤为主题的版面，如图1-33所示；而以曲线为主的自由的“面”，能够更好地塑造以表达活泼、温馨、浪漫为主题的版面，如图1-34所示。

图1-33　用“面”深化版面情感（一）

图1-34　用“面”深化版面情感（二）

任务实施

综合利用点、线、面元素进行创意设计，可以产生丰富的视觉效果和强烈的视觉表现力。需要注意的是，在实际应用时要注重统一性，适时将各种元素进行简洁化处理，如此一来才能创造出既有创意又不乏秩序的优秀作品。请同学们利用点、线、面三种元素创作一幅画。

1. 搜集资料

搜集综合利用点、线、面的创意设计作品，学习其创作方法并了解其内涵，以作为创作的参考。

2. 设计创作

可以从大自然、社会生活中寻找素材，或从艺术作品中汲取灵感，并结合本项目所学进行创作。

3. 展示成果

在课堂上展示创作的画，阐述创作思路及作品主旨，也可以分享创作过程中的心得体会。

4. 交流分享

听取教师的建议和评价，积极与其他同学展开讨论，互相分享心得体会。

5. 总结整理

总结、整理教师和同学们的建议，进一步完善设计作品。

任务三 渐入佳境——解读版式设计的形式法则和基本程序

任务导入

中国传统折扇扇面的版式设计

扇子最初是夏季招风纳凉的实用物品，但随着历朝历代经济和文化的进步，人们开始对扇面进行装饰，扇面艺术因此得到了极大发展。其中，扇面画是扇面艺术的重要表现形式，它以高山流水、花鸟鱼虫、人物故事等为题材，深受文人墨客的青睐，如图1-35和图1-36所示。

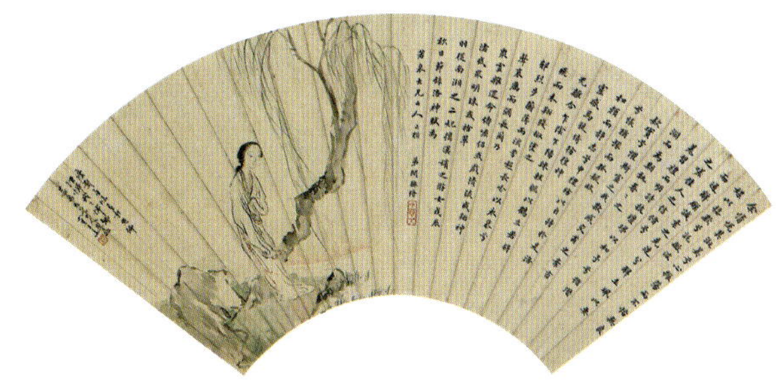

图1-35 《仕女扇面》（王素）

图1-36 《天中景映图》（恽怀英）

其实，扇面画的创作运用了很多版式设计的相关知识。例如，清代王素的《仕女扇面》采用左景右字的构图方式：在左侧，作者用细腻流畅的线条勾勒树木的枝条和女子的形态，表现出恬淡沉静的画面风格；右侧的楷书小字行笔轻盈，与恬静美好的画面完美融合。在布局上，作者运用留白手法增强了扇面的层次感与节奏感；在用墨上，浓淡相宜，使得画面虚实相生。再如，清代恽（yùn）怀英的扇面《天中景映图》描绘了牡丹和枇杷等多种花果，造型逼真，色彩浓淡变化自然，果实与花朵穿插映入眼帘，生机盎然的春景犹如在眼前。整幅扇面对布局、色彩、明暗等的处理，充分体现了节奏与韵律的形式法则。

由此可见，掌握版式设计的形式法则能使扇面更加美观，更具艺术气质。同时，也更利于我们创造出与众不同的、富有美感的版式设计作品。接下来，我们就一起来了解版式设计的形式法则吧。

一、版式设计的形式法则

（一）秩序与变异

秩序与变异的形式法则源于形式美。形式美有两种表现形式，一是由秩序而产生的美，称为“有秩序的形式美”，这是最常见的表现形式。具有秩序美感的版面常给人一种工整、端庄的感觉，如

图1-37所示。二是与其相反的，即打破常规的美，这种违反秩序的形式虽然不是主流，但却是对秩序的一种突破，颇具新意。这种形式的版面常给人眼前一亮的新鲜感，如图1-38所示。

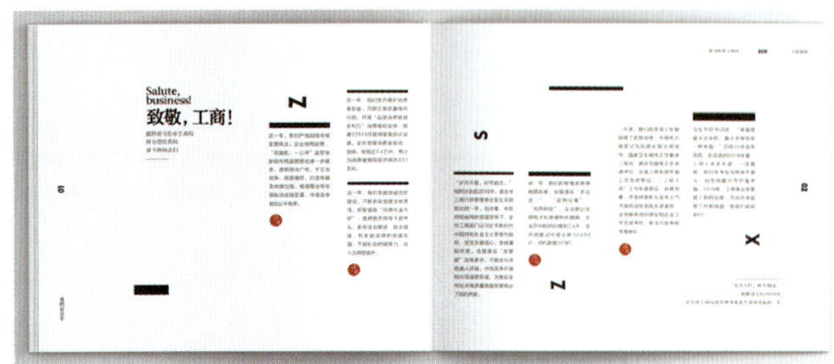

图1-37　秩序在版式设计中的应用

图1-38　变异在版式设计中的应用

（二）统一与变化

统一与变化是最基本的形式法则，是唯物辩证法中对立统一规律在艺术设计中的应用。统一是指各组成部分之间的内在联系，变化是指各组成部分之间的差异。统一趋于静止，能使版面协调有序；变化趋于运动，能使版面生动活泼，如图1-39所示。在版式设计中，只有统一而没有变化会显得单调、呆板，缺乏生命力；只有变化而没有统一会显得无序、混乱，缺乏秩序美。因此，只有将统一与变化有机结合，才能产生丰富的艺术效果，带给观者多层次的视觉体验。

统一与变化在瓶子包装设计中的体现

图1-39　统一与变化在版式设计中的应用

（三）节奏与韵律

在版式设计中，节奏是指将点、线、面等构成要素按照一定的条理和秩序重复、连续地排列，从而形成的律动感。韵律是指把作为“节拍”的各个要素处理得当，使其产生抑扬顿挫的变化。节奏与韵律总是相伴出现，节奏包含着韵律，韵律体现着节奏；节奏强调重复的秩序，韵律强调跳动的变化。节奏与韵律既可以体现版面的理性美，又可以使版面富有情调，如图1-40所示。

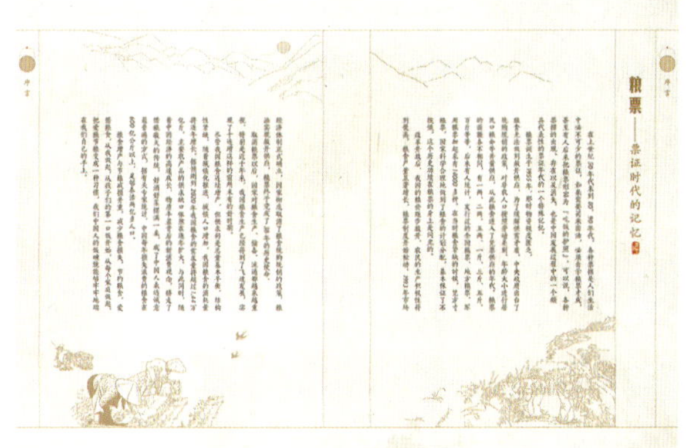

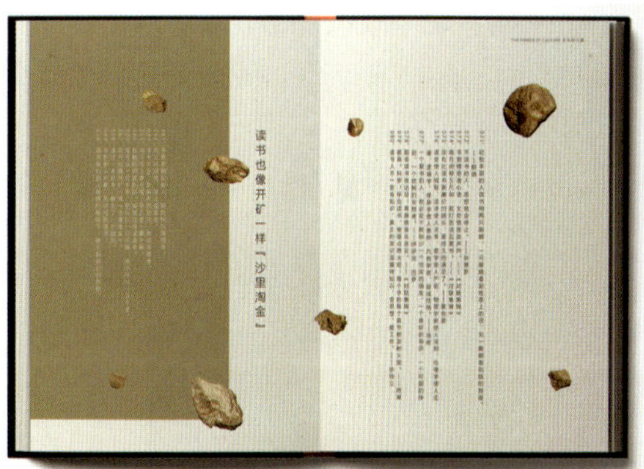

图1-40　节奏与韵律在版式设计中的应用

（四）留白与虚实

留白作为我国传统的艺术表现手法，其背后所蕴含的大智慧值得我们学习和借鉴。恰当地运用留白，可以营造出虚实相间的版面效果，减轻读者阅读时的压力。同时，还能给读者以想象的空间，以无声胜有声的方式传达出设计者的真实情感，如图1-41所示。

图1-41　留白与虚实在版式设计中的应用

知识链接

齐白石是中国著名的绘画大师，其作品保留了以墨为主的中国画特色。齐白石的作品中处处可见形式美，他将点、线、面的知识融会贯通，赋予作品旺盛的生命力。例如，他运用粗细、方向不同的斜线，表现出枯荷别样的姿态，如图1-42所示；再如，他利用线的粗细、虚实和长短变化，表现出虾的栩栩如生，如图1-43所示。

图1-42 《枯荷》（齐白石）

图1-43 《虾》（齐白石）

二、版式设计的基本程序

设计者想要设计出出色的版面，首先需要了解版式设计的基本程序。遵循设计程序，有利于设计者对设计项目构建清晰且全面的认知，从而更加顺利地推进设计工作。

（一）了解设计项目

只有深入了解设计项目，才能准确、合理地进行版式设计。因此，设计者首先需要明确设计项目的主题，然后根据主题来选择合适的元素，并考虑使用哪种表现方式来实现版式与各种元素的完美搭配。

（二）明确传播信息内容

版式设计的首要任务是向读者准确地传达信息。因此，设计者需要先明确所要传播的内容，再综合运用文字、图片、色彩等元素进行合理搭配，以完整且清晰地呈现所要传播的内容。切忌本末倒置，忽略了主要目的。

（三）定位目标群体

版式设计的类型众多，有的中规中矩、严肃工整，有的动感活泼、变化丰富，也有的运用大量留白、意味深长……设计者不能盲目地选择版式类型，而是要根据目标群体的特点来判断。如果目标群体是年轻人，则应选用时尚、活泼、个性化的版面；如果目标群体是儿童，则应选用活泼、充满趣味性的版面；如果目标群体是老年人，则应选用常见的规整版面，并使用较大的字号。因此，设计者在开始设计前对目标群体进行分析定位是非常重要的。

（四）明确设计宗旨

设计宗旨是指当前设计的版面需要表达何种理念，最终要达到怎样的宣传目的。明确设计宗旨是开展设计项目的关键步骤，它能为整个设计过程提供方向和焦点。设计宗旨应该简洁、明确，并且能够指导设计者做出决策。

（五）明确设计规范

在商业设计中，为了更好地达到宣传的目的，在进行版式设计时就要先明确设计规范，如画幅、分辨率、色彩模式等在不同设计领域的应用标准是怎样的。明确了设计规范，才能确定如何在画面中安排各种元素，以给目标群体留下深刻的印象，并将信息准确、快速地传递给目标群体。

（六）设计流程

完成一个设计方案需要经历的过程叫作设计流程。一般来说，在设计时要严格遵循设计流程，它可以帮助设计者保持组织性、减少错误并提高效率。若是想一步做一步，很可能使设计出现漏洞。

任务实施

具有悠久历史的中国民族绘画是中国艺术的瑰宝，每一幅画都承载着深厚的历史文化底蕴，彰显着卓越的艺术成就，如，《洛神赋图》《唐宫仕女图》《韩熙载夜宴图》等。请同学们选择一幅中国古代名画，然后从版式设计的角度对其进行赏析。

1. 搜集案例

搜集中国古代名画，选择一幅你最喜欢的，深入了解其创作背景与文化内涵。

2. 赏析名画

首先，从版式设计的角度赏析名画，如画中人物、花鸟等形态的布局，画中文字的大小与间距，落款的位置与设计，等等。然后，将赏析的内容整理并制作成PPT。

3. 汇报结果

在班级内展示你选择的名画，先向大家讲述该名画背后的故事，然后汇报你的分析成果。

4. 交流分享

听取教师的建议和评价，积极与其他同学展开讨论，互相分享心得体会。

5. 总结整理

总结、整理教师和同学们的建议，进一步完善对画作的赏析。

项目实训

中国的传统节日众多，大多呈现喜庆祥和的氛围。唯有元宵节不止于一般的欢乐，自古就强调“闹”的主题。在这一天，人们会结伴出行、赏灯猜谜、听戏赏曲、载歌载舞。一片火树银花、张灯结彩，将这漫长的冬日寒夜烘托得有声有色。然而，在这狂欢的背后，所折射出的是中华民族独特的文化内涵和精神寄托。

在这万家灯火之际，各大品牌纷纷推出节日海报，为人们送上暖暖的祝福。这些海报的版式设计各具特色：有的运用满版图和夸张的手法，使人们化身为元宵的搬运工；有的将品牌作为谜面，突出主题的同时，大大加强了读者的参与感；有的运用对称的版面，呈现热闹、浪漫的游园场景；还有的结合剪纸艺术，将一轮圆月置于崇山峻岭中，使得版面极具层次感，如图1-44所示。

图1-44 元宵节海报

实训要求

请同学们广泛搜集资料，寻找中国传统节日的海报，同时自主学习版式设计的相关知识。结合版式设计的要求，尝试设计一组节日海报，以此来弘扬民族文化。

1 分组合作

2～3个人自由组成小组，并推选出组长，由组长组织小组讨论并合理分配任务。

2 搜集资料

小组成员按照任务分工查找相关资料，例如，中国传统节日有哪些，每个节日的由来，分别有何纪念意义及习俗，以节日为主题的海报有哪些设计要求，等等。

3 讨论并确定主题

以小组为单位展开讨论，整合搜集到的信息，并分析优秀案例。每个人发表自己的观点，或在讨论中提出问题，查找资料并解决问题，以确定海报的主题。此步骤可根据实际情况重复多次。

4 设计作品

（1）构思创意

以小组为单位展开讨论，集思广益，根据所学知识，结合设计主题，确定设计思路和设计方案。在设计时，要求所设计的海报既符合版式设计的要求，又能突出节日主题，进而有效地弘扬传统文化。

（2）绘制草图

根据设计方案绘制草图，在草图中尽可能清晰地表现文字与图片的大小、布局，以及版面的色彩搭配等，并反复讨论和修改。

（3）绘制作品

绘制好草图之后，开始设计作品。在此过程中要注意结合所学知识，及时发现问题，积极和组内成员交流讨论。

（4）修改细节

组内讨论，完善作品的细节部分，改进不足之处。

5 编写设计说明

设计说明需要包括设计主题、创意来源、设计理念、所用的相关知识以及小组分工等。

6 展示作品

设计完成后，将海报印制成成品，每组派一名同学在班级中展示作品并讲述创作过程、设计思路和作品中的设计亮点。

7 点评与打分

教师和同学们对展示的作品进行点评、打分，设计者根据大家的建议继续完善设计，以提升设计水平，丰富设计经验。

项目评价

以小组为单位，各组成员结合任务实施和项目实训的情况对本项目的学习效果进行自评和互评，并请教师进行总体评价，完成后填写项目评价表，见表1-1。

表1-1　项目评价表

评价指标	评价标准	分值	评价得分		
			自评	互评	师评
知识与技能评价（50%）	了解版式设计的定义、特征及意义	5			
	熟悉点、线、面等构成要素	10			
	掌握版式设计的形式法则和基本程序	10			
	具备寻找优秀版式设计案例和赏析案例的能力	10			
	能够灵活运用相关知识进行版式设计	15			
过程与方法评价（25%）	课前认真预习，主动搜集版式设计的相关知识	5			
	能够积极参与课堂互动	5			
	能够高质量、高效率地完成各项任务，并不断反思、总结	15			
核心素养评价（25%）	在赏析案例的过程中，增强文化自信	5			
	具备良好的学习态度，树立自主学习的意识，培养设计实践能力	10			
	在完成任务实施和项目实训的过程中，强化团队合作能力和沟通能力	10			
总评	自评（20%）+互评（20%）+师评（60%）=	教师（签名）：			

项目二

2

版式设计的视觉流程和基本类型

- 任务一 “眼”之所向——掌握版式设计的视觉流程
- 任务二 融会贯通——掌握版式设计的基本类型

项目导读

视觉流程和基本类型是版式设计的两大要素，它们能够直接影响版面的风格和视觉效果。要想设计出和谐、美观的版面，掌握版式设计的视觉流程和基本类型是重中之重。

本项目包括两项任务，即“掌握版式设计的视觉流程”与“掌握版式设计的基本类型”，主要涉及版式设计的七种视觉流程和八种基本类型等知识。通过学习本项目，学生可以深入掌握版式设计的视觉流程和基本类型，为之后的版式设计实践打下坚实的基础。

学习目标

【知识目标】

1. 了解版式设计的视觉流程。
2. 了解版式设计的基本类型。

【技能目标】

1. 能够正确分析优秀设计作品的视觉流程。
2. 能够准确辨认优秀设计作品的基本类型。
3. 提高搜集资料、自学和解决问题的能力，能够高质、高效地完成各项任务。

【素养目标】

1. 通过欣赏不同的视觉流程和基本类型，提升审美能力。
2. 通过运用不同的视觉流程和基本类型，提升设计能力。
3. 通过赏析与中国传统文化相结合的设计作品，深入了解传统文化，树立文化自信。

任务一　“眼”之所向——掌握版式设计的视觉流程

任务导入

被欺骗的眼睛：视错觉现象

视错觉现象是指人在观察某个事物时，因为个人经验或客观因素的干扰而对事物的特征产生错误的感知或判断的现象。视错觉现象在生活中十分常见，它可以为观者呈现新奇、有趣的视觉效果，如图2-1（a）～图2-1（f）所示。

（a）

如果盯着图片中的某个白点看，会感觉周围的其他白点在闪烁。

（b）

因为上、下两组射线的影响，图中两条平行的直线看起来像是弯曲的。

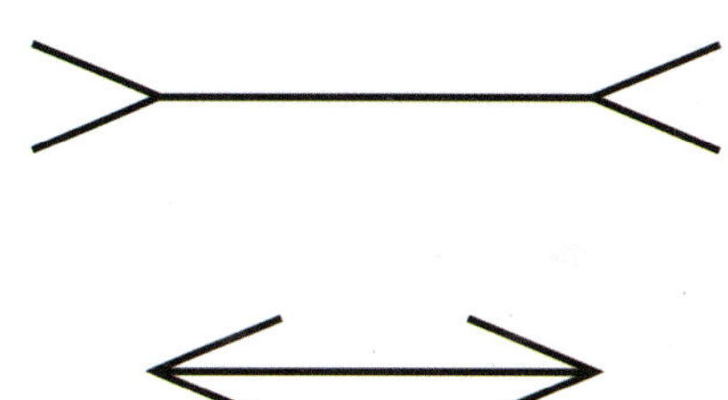

（c）

图中是两条长度相等的直线，但因为两侧箭头方向的不同，上面的直线看起来要比下面的直线长。

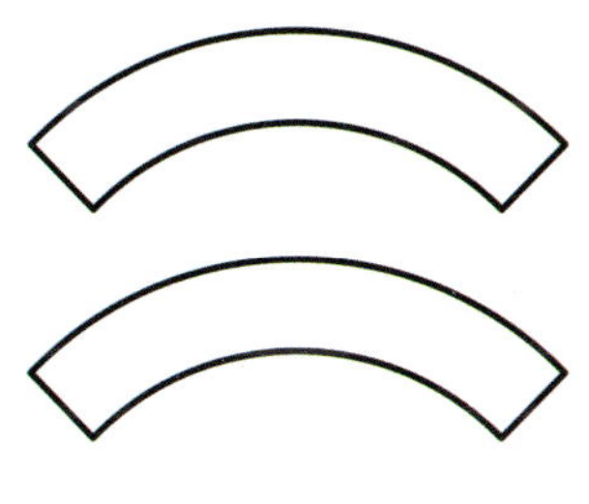

（d）

图中是两个完全相同的扇形，但因为位置的不同，上面的扇形看起来要比下面的扇形小。

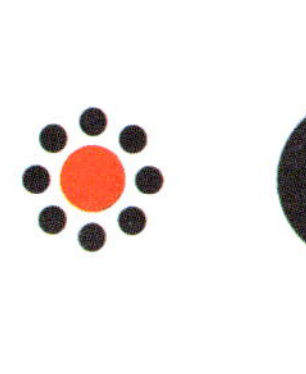

（e）

图中两个红色的圆大小相同，但被小圆包围的圆显得比被大圆包围的圆要大。

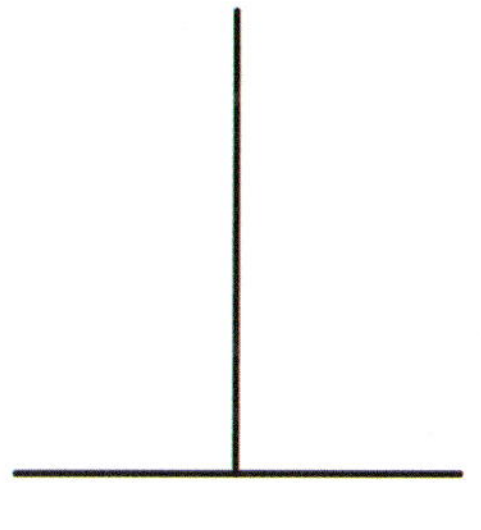

（f）

图中是两条长度相等的直线，但竖向的直线看起来要比横向的直线长。

图2-1　视错觉现象

由此可见，视觉的感受会在很大程度上影响人的判断，这点在版式设计中更为明显。版式设计的视觉流程是指通过有序排列版面中的各个元素来引导读者的视线按照特定方式移动的方法，它不仅会直接影响版面的风格和效果，还会影响读者的关注点和阅读体验。接下来，就让我们一起了解并掌握版式设计的视觉流程吧。

一、单向视觉流程

单向视觉流程是指将版面中的各个元素单向排列，引导读者按照某个特定的方向浏览信息的视觉流程。这种视觉流程逻辑清晰，直击主题，能给人一种简明、直接的视觉感受。根据方向的不同，单向视觉流程可以分为横向视觉流程、竖向视觉流程和斜向视觉流程三种。

（一）横向视觉流程

横向视觉流程又称“水平视觉流程”，是指通过有序排列版面中的元素，引导读者的视线沿水平方向移动的视觉流程，也是最符合人的视觉习惯的视觉流程。这种视觉流程温和、平稳，能给人带来平和、安逸的视觉感受，如图2-2所示。

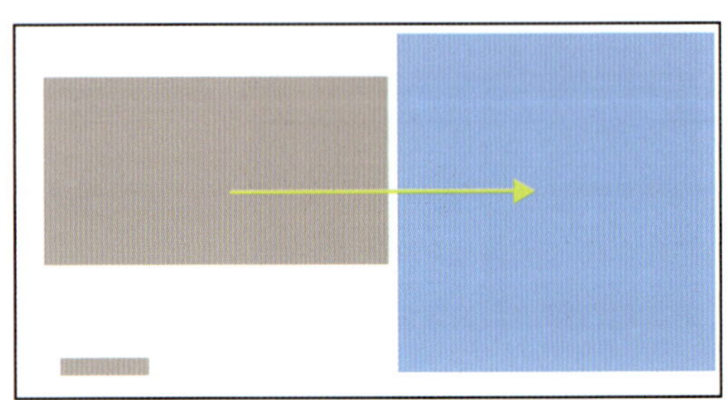

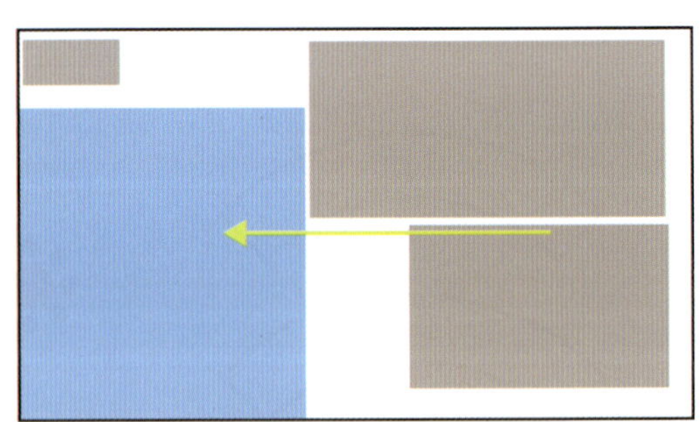

图2-2 运用横向视觉流程的版面

（二）竖向视觉流程

竖向视觉流程又称“垂直视觉流程”，是指通过有序排列版面中的元素，引导读者的视线沿垂直方向移动的视觉流程。这种视觉流程简洁有力，具有稳固画面的作用，能给人以直观、稳定的视觉感受，如图2-3所示。一般情况下，设计者会更倾向于选择自上而下的竖向视觉流程，因为这种视觉流程更符合人的视觉习惯。

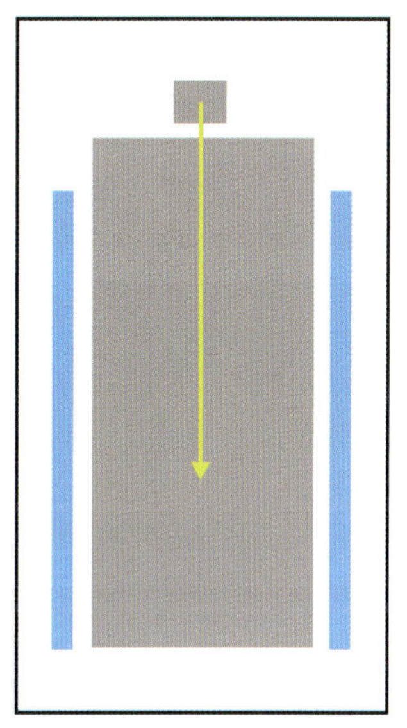

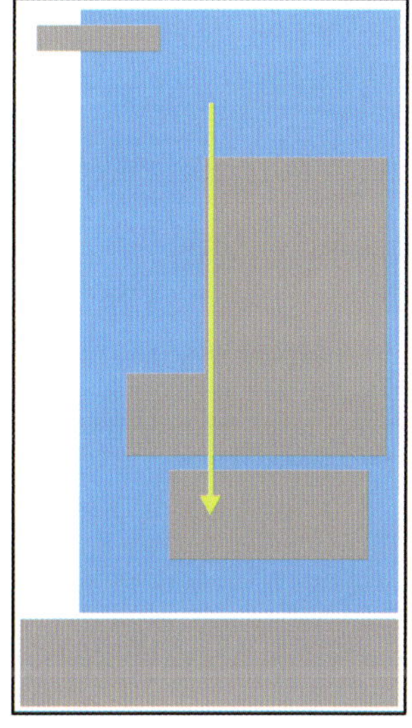

图2-3 运用竖向视觉流程的版面

（三）斜向视觉流程

斜向视觉流程是指将版面中的元素倾斜排列，从而引导读者的视线斜向移动的视觉流程。这种视觉流程能为版面增添动感和不稳定感，具有较强的视觉冲击力，能够有效吸引读者的注意，如图2-4所示。在运用斜向视觉流程时，应注意版面整体的重心与平衡。

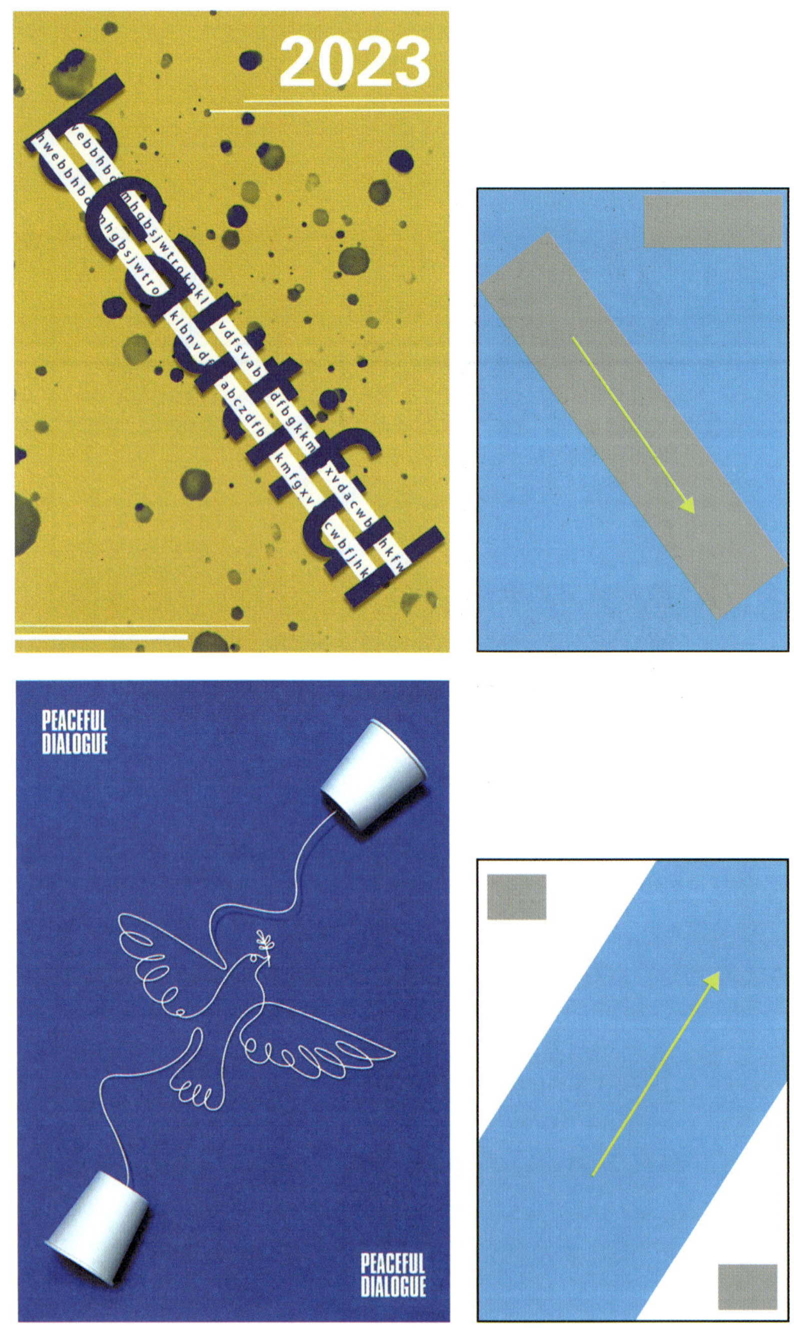

图2-4　运用斜向视觉流程的版面

二、重心视觉流程

版面的视觉重心是读者的视线最先关注和最终停留的位置，具有稳定版面的作用，而重心视觉流程就是以视觉重心为基础设计版面的视觉流程。视觉重心在版面中的位置不同，给人的感觉也会不同：视觉重心偏右的版面会给人沉稳、庄重的感觉；视觉重心偏左的版面会给人自由、舒适的感觉；视觉重心偏下的版面会给人踏实、稳定的感觉；视觉重心偏上的版面会给人昂扬、飘逸的感觉。根据版面主题和设计需求合理设置视觉重心，可以使版面中的各个元素和谐有致，从而准确传达版面信息，如图2-5所示。

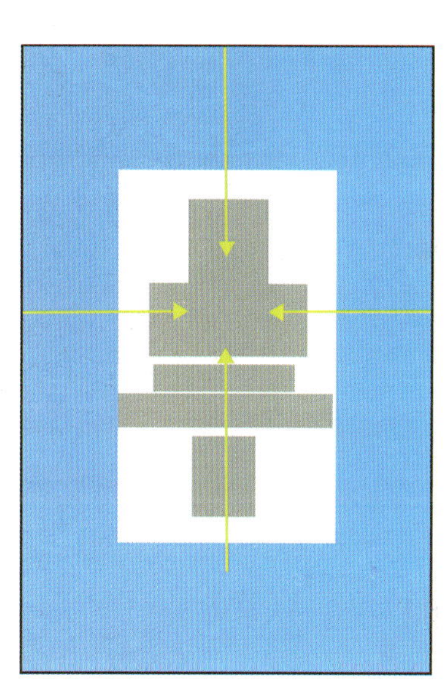

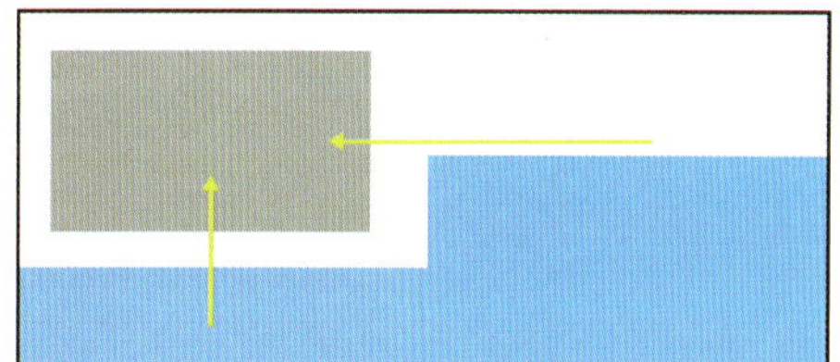

图2-5　运用重心视觉流程的版面

三、导向性视觉流程

导向性视觉流程是指设计者通过设计和布局，引导读者按照自己设定的方式浏览整个版面的视觉流程。这种视觉流程可以把版面中的各个元素联系起来，形成一个和谐统一的整体，使版面信息直观，重点突出，条理清晰，如图2-6所示。

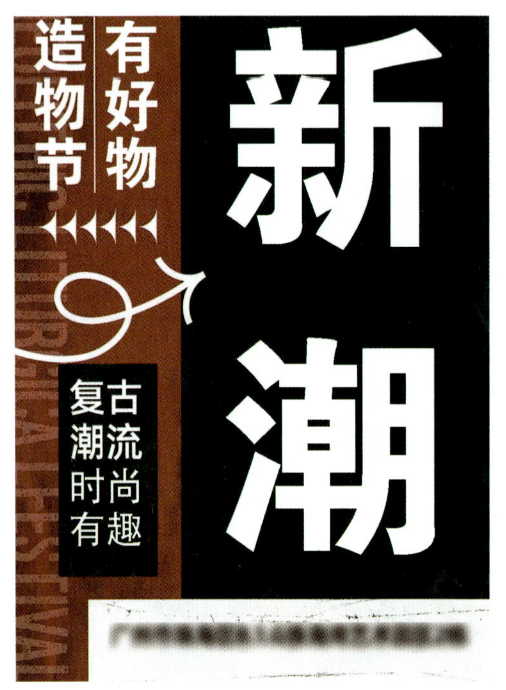

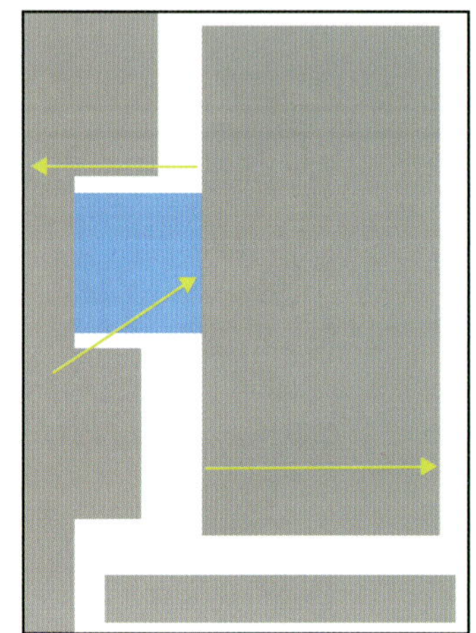

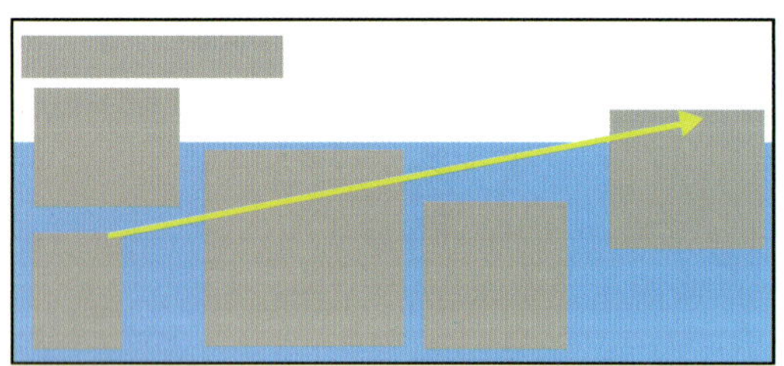

图2-6　运用导向性视觉流程的版面

四、散点视觉流程

散点视觉流程是指将版面中的各个元素较为分散地排列，使版面呈现出自由、轻快的视觉效果的视觉流程。这种视觉流程看似随意，但并非胡乱编排，设计时要充分考虑各个元素之间的主次关系，合理安排它们的大小、方向和分散程度等，以体现版面的动感和空间感，如图2-7所示。

图2-7　运用散点视觉流程的版面

五、反复视觉流程

反复视觉流程是指在版面中重复使用相同或相似的元素，以营造韵律感的视觉流程。这种视觉流程可以使原本单调的元素变得生动，使版面更具统一性，同时又能增强版面的动感和节奏感，进而给读者留下深刻的印象。在排列重复的元素时，可以在一致中寻求差异，在统一中寻求变化，用与众不同的小部分元素来增强版面的活力和趣味性，如图2-8所示。

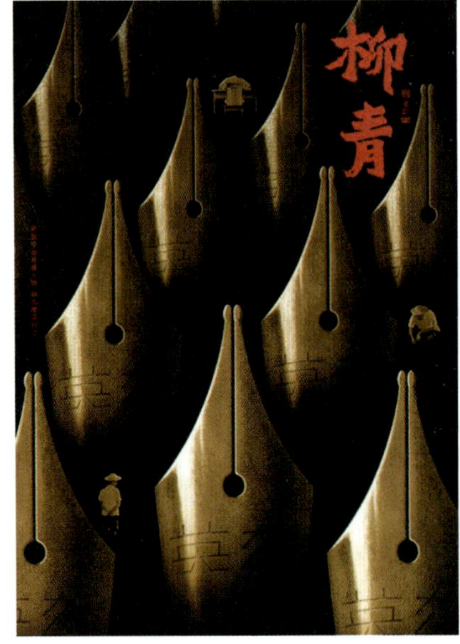

图2-8　运用反复视觉流程的版面

六、曲线视觉流程

曲线视觉流程是指将版面中的各个视觉元素按照曲线排列，以引导读者的视线随曲线的轨迹移动的视觉流程。这种视觉流程可以让版面自然、流畅、富有变化，给人一种活泼、灵动的感觉，如图2-9所示。

图2-9　运用曲线视觉流程的版面

七、“井”字视觉流程

“井”字视觉流程是指根据“井”字构图，用四条直线把版面横向、竖向分别分为三个部分，并将需要重点表现的内容置于四个交点上的视觉流程，如图2-10所示。这四个交点一般是读者在版面中最先关注到的区域，因此应充分利用，以更好地突出版面的主题和重要内容，如图2-11所示。

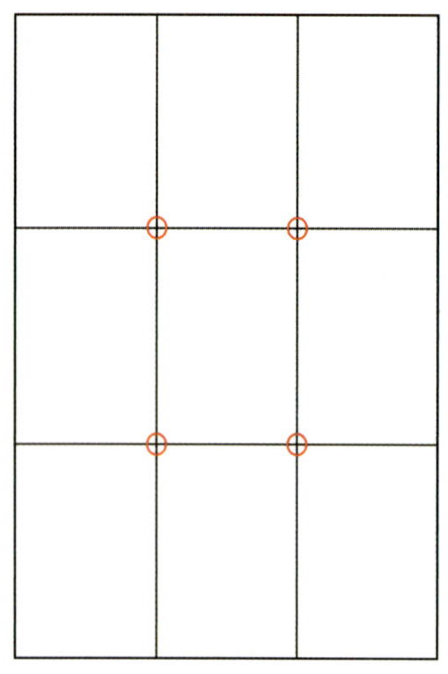

图2-10 “井”字视觉流程

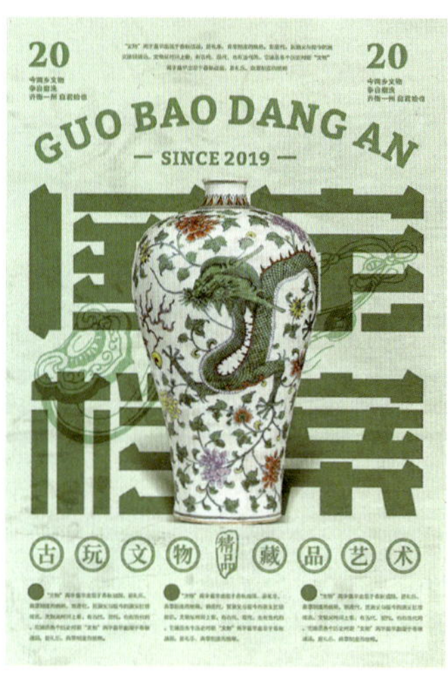

图2-11 运用“井”字视觉流程的版面

课堂互动

请同学们讨论一下，人有哪些常见的视觉习惯？这些视觉习惯和版式设计的几种视觉流程都有什么关系？

人类视觉习惯和版式设计视觉流程的关系

任务实施

版式设计在现实生活中的应用十分广泛，存在于多种场景，而不同应用场景下的版式设计作品的视觉流程和特征也有所不同。请同学们搜集生活中的版式设计作品，并尝试分析其视觉流程和特征。

1. 理论学习

结合所学知识，搜集相关资料，深入了解版式设计的视觉流程。

2. 搜集素材

仔细观察，搜集生活中的版式设计作品，如海报、杂志、书籍和网页等。

3. 分析素材

利用相关资料和所学知识，分析搜集到的作品，包括其主题、风格、特征和视觉流程等。

4. 撰写报告

记录分析的思路、过程和结果等，并将其写成简短的报告。

5. 汇报交流

在课堂上汇报报告内容，并与教师和其他同学积极交流。

任务二 融会贯通——掌握版式设计的基本类型

任务导入

中国古代建筑的对称之美

建筑是一个民族智慧与文明的结晶，也是一个民族文化和思想的外化。中国古代建筑所拥有的一个显著特征就是对称，中国古代的许多建筑都严格按照中轴线对称分布，给人一种庄重、严谨的感觉，如图2-12所示。

图2-12 中国古代建筑的对称之美

从建筑学的角度来看，对称的结构既能使建筑本身符合安全、实用的标准，又能使建筑富有美学表现力；从文化的角度来看，对称的布局充分体现了中国传统文化中的“中庸”思想，展现了中华民族对平衡、理性的追求。

中国古代建筑讲究对称之美，版式设计中也有一种基本类型借鉴了这种美，那就是对称型版式设计。接下来，就让我们一起了解版式设计的基本类型，感受不同类型的美吧。

一、骨骼型

骨骼型版式设计主要运用线条和单元格将版面划分为多个区域，并将文字和图片等元素合理编排在不同区域。这种类型的版式设计能够给人一种严谨、和谐、理性的感觉，极具形式美感，比较适合信息量较大的版面，如图2-13所示。

图2-13　骨骼型版式设计

二、分割型

分割型版式设计主要运用线条、图片等元素将版面分割为多个部分。这种类型的版式设计可以在给人一种平衡、稳重的感觉的同时，打造强烈的反差效果，常用于表达一些具有对比关系的版面主题，如图2-14所示。

图2-14　分割型版式设计

三、倾斜型

倾斜型版式设计会将版面中的图文信息倾斜排列，营造出一种不稳定的动感。其特点在于能打破版面的平衡，使版面具有张力和活力，从而达到引人注目的效果，如图2-15所示。

图2-15　倾斜型版式设计

课堂互动

请同学们思考一下，运用斜向视觉流程的版式设计和倾斜型版式设计有什么本质区别？

四、对称型

对称型版式设计是指将版面中的各个元素对称分布，以使版面整体平衡、稳定的版式设计类型。这种对称可以是绝对对称，也可以是相对对称。绝对对称是指版面中轴线两侧的元素完全相同，相对对称是指版面中轴线两侧的元素大致相似。在实际应用中，绝对对称容易使版面显得枯燥、呆板，所以对称型版式设计多为相对对称，如图2-16所示。

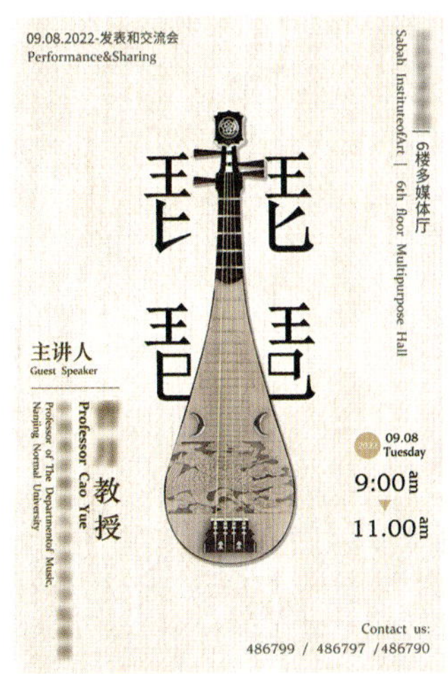

图2-16　对称型版式设计

五、边角型

边角型版式设计会将版面中四个角落的内容与中心区域的内容区分开来。如果在四个角落编排图片，就在中心区域编排文字；如果在四个角落编排文字，就在中心区域编排图片。这种类型的版式设计可以保证各个元素的分散和独立，从而有效突出重点内容，如图2-17所示。

图2-17　边角型版式设计

六、三角型

三角型版式设计会将版面中的各个元素按照三角形结构进行编排。其中，正三角形会给人一种稳定、均衡的感觉；倒三角形会给人一种锐利、刺激的感觉；斜三角形会给人一种活泼、动态的感觉。设计者应该根据版面的主题和风格选择合适的三角型版式设计，如图2-18所示。

图2-18　三角型版式设计

七、满版型

满版型版式设计会让图片充满整个版面，不留空白。这种类型的版式设计可以让版面饱满且富有张力，同时能够将读者带入版面所创建的场景当中，提升版面的沉浸感和吸引力，从而有效传达版面信息，如图2-19所示。

图2-19　满版型版式设计

八、自由型

自由型版式设计可以同时采用上面提到的多种版式设计类型，在符合版面主题和设计要求的基础上随意编排文字、图片等元素。设计者应合理安排各个元素的大小、比例和位置等，以打造自然、活泼、和谐的版面效果，如图2-20所示。

视觉流程和基本类型如何搭配

图2-20　自由型版式设计

任务实施

版式设计的视觉流程和基本类型其实是分析版式设计结构的两种不同角度，两者都是版式设计的重要组成部分。请同学们认真思考，继续分析任务一中搜集到的版式设计作品的基本类型。

1. 理论学习

结合所学知识，搜集相关资料，深入了解版式设计的基本类型。

2. 分析素材

利用相关资料和所学知识，分析搜集到的作品的基本类型。

3. 撰写报告

记录分析的思路、过程和结果等，并将其写成简短的报告。

4. 汇报交流

在课堂上汇报报告内容，并与教师和其他同学积极交流。

项目实训

实训导入

版式设计的视觉流程和基本类型是影响版面的风格和视觉效果的两大重要因素。优秀的设计师会根据版面主题和设计需求选择合适的视觉流程和基本类型，以保证版面和谐、美观、充满吸引力，如图2-21所示。在学习完相关知识之后，不妨来试试将所学知识运用起来吧。

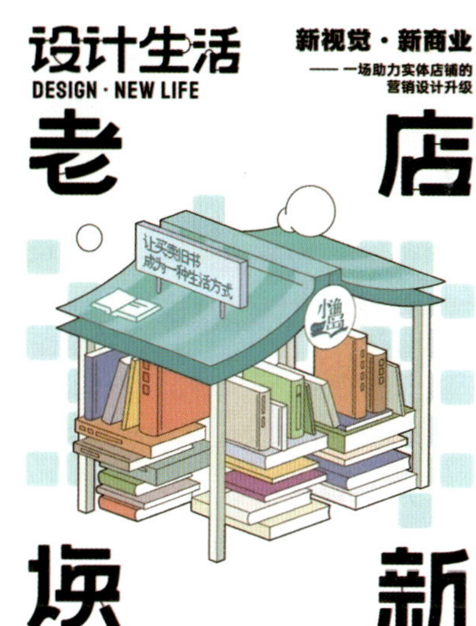

图2-21 优秀的版式设计作品

实训要求

请同学们从上面几幅作品中任选其一，运用所学知识尝试改变其视觉流程和基本类型。

步骤提示

1 分析作品

从图2-21的作品中选择一幅，结合所学知识，认真分析其主题、风格、特征、视觉流程和基本类型等。

2 创意构思

利用所学知识，根据作品的特点，决定要将作品改为哪种视觉流程和基本类型，并思考如何修改。

3 修改作品

（1）提取设计元素

拆解原作品的版面，提取其中的文字、图片和色彩等设计元素。

（2）绘制草图

在确保符合设计主题和设计要求的基础上，结合相关知识，运用提取的设计元素绘制草图。

（3）修改草图

对照原作品的视觉效果，找出草图的不足并修改。

（4）设计作品

根据草图，运用Adobe Photoshop、Adobe Illustrator等软件设计作品，并将作品印制出来。

4 展示成果

在课堂上展示修改后的作品，并说明对原作品的分析结果以及修改的方法、思路和过程等。

5 总结交流

收集和整理教师与其他同学的建议和评价，总结经验和心得，课后继续完善作品。

项目评价

以小组为单位，各组成员结合任务实施和项目实训的情况对本项目的学习效果进行自评和互评，并请教师进行总体评价，完成后填写项目评价表，见表2-1。

表2-1 项目评价表

评价指标	评价标准	分值	评价得分		
			自评	互评	师评
知识与技能评价（50%）	掌握版式设计的视觉流程	15			
	掌握版式设计的基本类型	15			
	能够正确分析优秀设计作品的视觉流程和基本类型	20			
过程与方法评价（25%）	课前做好准备工作，搜集相关资料	5			
	积极参与课堂互动	10			
	能够高质、高效地完成各项任务，并不断反思、总结	10			
核心素养评价（25%）	通过欣赏不同的视觉流程和基本类型，提升审美能力	5			
	通过运用不同的视觉流程和基本类型，提升设计能力	10			
	通过赏析与中国传统文化相结合的设计作品，深入了解传统文化，树立文化自信	10			
总评	自评（20%）+互评（20%）+师评（60%）=	教师（签名）：			

项目三

3

版式设计中文字的运用

- 任务一　有条不紊——合理编排文字
- 任务二　别出心裁——玩转文字设计

项目导读

文字是语言的视觉形式，它不仅能够突破时空局限，高效传达信息，还可以是具有创造性和审美价值的艺术元素。因此，文字是版式设计的重要组成元素之一，它既可作为“点”单独存在，又可汇集为“线”和“面”。其形态多变，可塑性强，可以极大地丰富版面的艺术表现形式。

本项目包括两项任务，即“合理编排文字”和“玩转文字设计”，主要涉及文字的设置、文字的组织原则、文字的编排方式、文字强调的方法和文字的创意变化等知识。本项目内容丰富，案例典型，能够帮助学生全面、系统地了解版式设计中文字的运用，同时通过任务实施和项目实训等模块，让学生利用所学知识完成实践任务，以此加深他们对相关知识的理解，帮助他们掌握文字运用的方法，提升其设计实践能力和艺术鉴赏能力。

学习目标

【知识目标】

1. 了解文字的字体、字号、字距和行距等基础知识。
2. 了解文字的组织原则和编排方式。
3. 掌握文字设计的思路和方法建议。

【技能目标】

1. 能够根据设计要求合理编排文字。
2. 能够运用所学知识进行文字设计，从而提升设计实践能力。
3. 能够赏析优秀的文字设计案例，从而提升艺术鉴赏能力。

【素养目标】

1. 通过理论学习强化专业能力，培养设计思维和创新意识，提升审美能力和人文素养。
2. 通过赏析根植于中国传统文化的设计作品，深入了解中国传统文化，增强文化自信。
3. 在任务实施与项目实训的过程中，重视团队合作，积极同他人分享、交流。

任务一　有条不紊——合理编排文字

任务导入

匠心匠手，修复岁月痕迹

纪录片《我在故宫修文物》讲述了故宫中的书画、器具等珍贵文物的修复过程以及修复者的生活故事，其系列海报是由我国著名海报设计师黄海设计的，如图3-1所示。每张海报都以一件国宝级文物为背景，在文物的残缺处，被缩小的文物修复师正置身其间忙碌着；标题“我在故宫修文物”几个字风格古朴，纵向排列于背景之上，和海报厚重、古典的整体基调十分相符，且每张海报的标题颜色都不一样，与各自的背景相得益彰。

在这一系列海报中，设计师对文字进行了精心的设计，并将文字与图片的关系处理得恰到好处，使文字展现出了触动心灵的艺术魅力。由此可见，恰当的文字编排对于版式设计来说至关重要，它不仅可以有效传达版面信息，还可以增强版面的艺术表现力。接下来，就让我们一起学习版式设计中文字编排的相关知识吧。

图3-1　纪录片《我在故宫修文物》海报（黄海）

一、文字的设置

文字的设置会直接影响版面的可读性和视觉效果，合适的文字设置应该同时满足版式设计的要求和主题风格定位的要求。文字的设置主要包括字体的选择、字号的选择、字距与行距的设置三个方面。

（一）字体的选择

字体是指文字的外在形式特征，不同字体在笔画粗细、细节表达和表现风格上都有所不同，在版面中所起的作用也各有差异。选择字体时，要考虑其气质是否与版面风格相符。

1. 常用的中文字体

版式设计中常用的中文字体主要包括宋体、黑体、楷体和圆体等。

宋体字的笔画横细竖粗，末端带有装饰，整体典雅大方，秀美古朴，是一种艺术价值高、适用性强的字体，深受设计者青睐。宋体字可以根据粗细不同分为若干种，如图3-2所示。其中报宋、仿宋、宋体和书宋常被用于正文，大宋、粗宋和特粗宋常被用于标题，如图3-3所示。

报宋　仿宋　宋体　书宋

大宋　粗宋　特粗宋

图3-2　不同类型的宋体字

图3-3　宋体字的运用

黑体字笔画横平竖直，棱角分明，粗细一致，给人以简约干练的感觉。黑体字也有粗细之分，如图3-4所示。其中细等线、等线和黑体适用于正文，大黑、粗黑和特粗黑适用于标题，如图3-5所示。

细等线　等线　黑体

大黑　粗黑　特粗黑

图3-4　不同类型的黑体字

图3-5　黑体字的运用

楷体字源于中国书法艺术中的楷书书体，其笔画规整，形态端庄清秀，具有古典风韵，如图3-6所示，因此常被用于古典风格的版式设计，如图3-7所示。

楷体

图3-6　楷体字

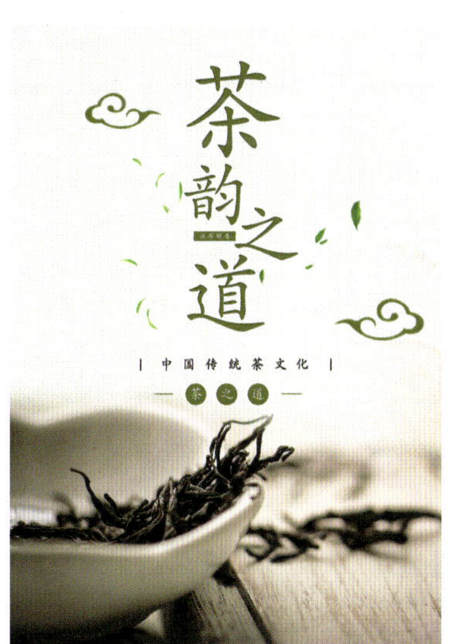

图3-7　楷体字的运用

圆体字圆润柔和，笔画粗细均匀，末端为圆角，如图3-8所示，适用于活泼可爱风格的版式设计，如图3-9所示。

幼圆　圆体　粗圆　特粗圆

图3-8　不同类型的圆体字

图3-9　圆体字的运用

除了以上较为标准、规范的常用中文字体之外，设计者还可以根据版式设计的风格需求采用一些更具设计感的艺术字体，以使版面丰富多彩，特色鲜明，如图3-10所示。

图3-10　艺术字体的运用

2. 常用的英文字体

版式设计中常用的英文字体主要包括Times New Roman、Arial等。

Times New Roman是一款经典的英文字体，中文名称为“新罗马体”，因其中规中矩、端正典雅的风格被选用为标准字体，应用极为广泛，如图3-11和图3-12所示。

Arial线条粗细均匀，极具现代感，常被用于网页界面设计，如图3-13和图3-14所示。

Times New Roman

图3-11　Times New Roman

图3-12　Times New Roman的运用

Arial

图3-13　Arial

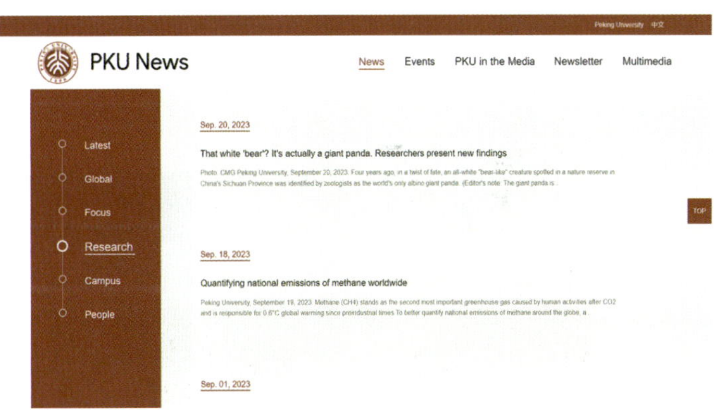

图3-14　Arial的运用

知识链接

衬线字体与无衬线字体

衬线是指字体笔画开头和末端的装饰部分，字体可根据有无衬线分为衬线字体（Serif）和无衬线字体（Sans-serif）两大类。衬线字体的笔画在开头和末端都有额外的装饰，且粗细不一，其整体形态优雅，极具美感，代表性字体有宋体和Times New Roman等，如图3-15所示；无衬线字体的笔画首尾没有装饰，粗细一致，显得简洁有力，且更易辨认，代表性字体有黑体和Arial等，如图3-16所示。

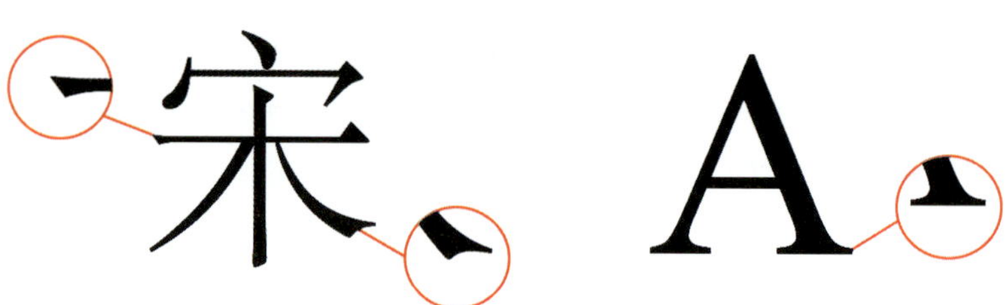

图3-15　衬线字体

图3-16　无衬线字体

3. 字体的风格

每种字体都有其独特的风格，传达着不同的视觉信息。选择风格恰当的字体可以有效增强版面的吸引力和艺术表现力，让人产生共鸣。下面介绍几种具有代表性的字体风格类型。

（1）秀丽柔美型

这种风格的字体线条纤细流畅，造型秀丽柔美，常给人以华丽、清雅的视觉感受，适用于女装、化妆品、饰品和日常生活用品等主题的版式设计，代表性字体有宋体、Times New Roman等，如图3-17所示。

图3-17 秀丽柔美型

(2) 阳刚硬朗型

这种风格的字体笔画粗壮有力，造型简洁硬朗，具有重量感，能给人带来强烈的视觉冲击力，适用于男装、运动用品和电子机械产品等主题的版式设计，代表性字体有黑体、Arial等，如图3-18所示。

图3-18 阳刚硬朗型

（3）苍劲古朴型

这种风格的字体沉稳厚重，朴实无华，具有古典之美，适用于传统文化、复古怀旧等主题的版式设计，代表性字体有楷体等，如图3-19所示。

图3-19　苍劲古朴型

（4）活泼生动型

这种风格的字体线条圆润柔和，造型憨厚可爱，给人一种轻松活泼、生机勃勃的感觉，适用于儿童用品、户外休闲活动等主题的版式设计，代表性字体有圆体等，如图3-20所示。

图3-20　活泼生动型

小提示

在版式设计中，选用的字体类型不宜过多，一般两三种即可，最好不要超过五种，否则会让版面显得杂乱无章，令人眼花缭乱。

怎样让标题文字编排更出彩

（二）字号的选择

字号是表示字体大小的标号，字号的选择会直接影响版面的信息层级关系和整体视觉效果，设计者应该选择合适的字号进行信息传达和情感表达。目前有三种常见的字号表达方法，分别是号数制、点数制和像素制。

1. 号数制

“号”是我国用来计算汉字大小的传统计量单位。号数制将字体大小划分为16个等级，分别是初号、小初、一号、小一、二号、小二、三号、小三、四号、小四、五号、小五、六号、小六、七号、八号，字号越大，字体越小。号数制的优点是简单易用，使用时不需要考虑字体的实际尺寸，只需根据层级关系指定字号即可；缺点是不同字号之间没有统一的倍数关系，不方便换算。

2. 点数制

“点”来自英文单词“point”，一般用“pt”表示，又称“磅”，因此点数制也被称为“磅数制”，其中1点约等于0.35 mm。点数制是国际通用的计量印刷字体大小的方法，其优点在于不同字号之间存在统一的倍数关系，便于计算字体的实际尺寸。

3. 像素制

像素是构成图像的最小单位，来自英文单词“pixel”，一般用“px”表示。在网页界面设计和App界面设计中，字号的设置常采用像素制。

号数制、点数制和像素制中不同字号和实际尺寸的对照关系见表3-1。

表3-1 号数制、点数制和像素制中不同字号和实际尺寸对照表

号数	点数	像素	实际尺寸（mm）
初号	42	56	14.82
小初	36	48	12.70
一号	26	34.7	9.17
小一	24	32	8.47
二号	22	29.3	7.76
小二	18	24	6.35
三号	16	21.3	5.64
小三	15	20	5.29
四号	14	18.7	4.94
小四	12	16	4.23
五号	10.5	14	3.70
小五	9	12	3.18
六号	7.5	10	2.56
小六	6.5	8.7	2.29
七号	5.5	7.3	1.94
八号	5	6.65	1.76

在印刷出版物中，一般将标题的字号设置为12点及以上，正文的字号设置为9～12点，附注、说明等文字的字号设置为6～9点。不过，这些标准并不是绝对的，设计者要综合考虑版面大小、文字数量和整体风格等因素，灵活选择字号。

（三）字距与行距的设置

字距是指字与字之间的距离，行距是指上下两行文字之间的距离。字距与行距是影响版面整体节奏的重要因素，一般来说，宽松的字距与行距会给人平缓、放松的感觉，而紧密的字距与行距会给人紧凑、快节奏的感觉，如图3-21所示。

这两张图的版面整体氛围是轻松、悠闲的。第一张图使用了略宽的字距与行距，给人一种悠然自得的感觉；而第二张图使用了比较紧密的字距与行距，导致版面不够舒展，不能很好地与文字内容和画面风格相匹配。

这两张图的版面整体氛围非常热烈。第一张图使用了更为紧密的字距与行距，能够加强版面节奏，使画面富有动感，给人以强烈的视觉冲击力；而第二张图使用的宽松的字距与行距会给人一种散漫、悠闲的感觉，与版面的主题和风格不符。

图3-21 字距与行距的设置

总之，设置字距与行距时，要充分考虑版面的整体风格、读者的阅读感受和文字的特点等因素，将文本作为一个整体去处理，以有效突出版面主题，增强版面的可读性，从而使整体布局清晰、疏密有致。

课堂互动

请同学们想一想，宽松的字距与行距和紧密的字距与行距分别适用于哪些主题的版式设计呢？

二、文字的组织原则

文字不仅是一种传达信息的工具，还是一种具有独特审美价值的艺术表现形式。为了在版式设计中完美体现文字的这两种功能，组织文字时要遵循传达准确、主次分明和整体统一三项原则。

（一）传达准确

组织文字的首要原则是传达准确，因为传达信息是文字最重要的功能之一。设计者要想在有限的版面空间内准确传达信息，就需要将繁杂纷乱的信息高度概括，并合理编排文字，以使信息传达精准有效，从而保证读者的阅读体验。

（二）主次分明

版式设计中的文字信息是有层级关系的，不同层级的文字信息的字体、字号、字距和行距以及在版面中所处的位置都是不同的。最主要的信息一般字号较大，占据的位置也较为显眼，让读者能够第一时间注意到；相对次要的信息一般字号较小，位于从属位置，不能喧宾夺主。组织文字时应该让版面信息主次分明，这样才能使版面逻辑清晰，主题突出。

（三）整体统一

组织文字时要注意两处统一：首先，文字的字体、字号、字距和行距等应该与文字的内容相统一，也就是说要根据文字的内容选择相匹配的字体、字号、字距和行距等；同时，整个文本的编排方式也应该与版面中的图片、色彩等其他元素以及版面的整体风格相统一。整体的风格与形式统一才能让版面大方美观，一目了然，引起读者的共鸣与遐想。

三、文字的编排方式

作为版面中不可或缺的元素之一，文字的编排方式至关重要，会直接影响版面的最终呈现效果。设计者应该根据版面风格和设计需求，灵活运用不同的文字编排方式。

（一）常见的文字编排方式

常见的文字编排方式主要有对齐编排和自由编排两大类。具体运用时，一般不会只采用一种方式，而是会在版面中融入多种方式，以使版面更加生动自然。不过，运用多种方式时也要注意风格和形式的统一，保证整体布局和谐有序。

1. 对齐编排

对齐编排可以分为左对齐、右对齐、居中对齐、两端对齐和顶端对齐等。

(1) 左对齐

左对齐是指将文字以左侧边线为基线进行对齐，让右侧行尾自然排布的编排方式。左对齐是应用非常广泛的一种编排方式，因为它与人从左到右的阅读习惯相符，便于读者阅读，一般适用于文字量较多的版式设计，如图3-22所示。

曲曲折折的荷塘上面，
弥望的是田田的叶子。
叶子出水很高，
像亭亭的舞女的裙。
层层的叶子中间，
零星地点缀着些白花，
有袅娜地开着的，
有羞涩地打着朵儿的；
正如一粒粒的明珠，
又如碧天里的星星，
又如刚出浴的美人。

图3-22　左对齐

(2) 右对齐

右对齐是指将文字以右侧边线为基线进行对齐，让左侧行首自然排布的编排方式。右对齐与人的阅读习惯相反，会给人一种不太协调的感觉，不过合理运用右对齐也可以为版面增添独特且新颖的效果，如图3-23所示。

曲曲折折的荷塘上面，
弥望的是田田的叶子。
叶子出水很高，
像亭亭的舞女的裙。
层层的叶子中间，
零星地点缀着些白花，
有袅娜地开着的，
有羞涩地打着朵儿的；
正如一粒粒的明珠，
又如碧天里的星星，
又如刚出浴的美人。

图3-23　右对齐

(3) 居中对齐

居中对齐是指让文字以文本的中轴线为基线，左右对称分布的编排方式。居中对齐可以集中读者的视线，让版面中心突出，同时使版面显得庄重、平稳，具有仪式感，如图3-24所示。

曲曲折折的荷塘上面，
弥望的是田田的叶子。
叶子出水很高，
像亭亭的舞女的裙。
层层的叶子中间，
零星地点缀着些白花，
有袅娜地开着的，
有羞涩地打着朵儿的；
正如一粒粒的明珠，
又如碧天里的星星，
又如刚出浴的美人。

图3-24 居中对齐

(4) 两端对齐

两端对齐是指通过调整字距，让文字左右两侧都对齐的编排方式。两端对齐可以让文本规整、严谨，使版面整齐、干净，常用于编排书籍或报刊的正文，如图3-25所示。

曲曲折折的荷塘上面，弥望的是田田的叶子。叶子出水很高，像亭亭的舞女的裙。层层的叶子中间，零星地点缀着些白花，有袅娜地开着的，有羞涩地打着朵儿的；正如一粒粒的明珠，又如碧天里的星星，又如刚出浴的美人。

图3-25 两端对齐

(5) 顶端对齐

顶端对齐是指将文字纵向排列，并以顶端边线为基线进行对齐的编排方式。顶端对齐是古籍、古文常用的编排方式，极具古风古韵，适用于古典风格的版式设计，如图3-26所示。

曲曲折折的荷塘上面，
弥望的是田田的叶子。
叶子出水很高，
像亭亭的舞女的裙。
层层的叶子中间，
零星地点缀着些白花，
有袅娜地开着的，
有羞涩地打着朵儿的；
正如一粒粒的明珠，
又如碧天里的星星，
又如刚出浴的美人。

图3-26　顶端对齐

2. 自由编排

和对齐编排相比，自由编排具有自由、灵活的特点。设计者可以根据特定需求自由排列文字，比如将文字倾斜排列，如图3-27所示；把文字排列成特定形状，如图3-28所示；让文字围绕图片排列，如图3-29所示；等等。自由编排可以突破传统形式的限制，赋予版面活泼、新颖的视觉效果。

图3-27　文字倾斜排列

这几天心
里颇不宁静。今晚在院子
里坐着乘凉，忽然想起日日走过的
荷塘，在这满月的光里，总该另有一番样
子吧。月亮渐渐地升高了，墙外马路上孩子们
的欢笑，已经听不见了；妻在屋里拍着闰儿，迷迷
糊糊地哼着眠歌。我悄悄地披了大衫，带上门出去。
沿着荷塘是一条曲折的小煤屑路。这是一条幽僻的路；
白天也少人走，夜晚更加寂寞。荷塘四面长着许多树，蓊
蓊郁郁的。路的一旁，是些杨柳，和一些不知道名字的树。
没有月光的晚上，这路上阴森森的，有些怕人。今晚却很
好，虽然月光也还是淡淡的。路上只我一个人，背着手踱
着。这一片天地好像是我的我也像超出了平常的自己，
到了另一世界里。我爱热闹，也爱冷静：爱群居，也
爱独处。像今晚上，一个人在这苍茫的月下，什么
都可以想，什么都可以不想，便觉是个自由的
人。白天里一定要做的事，一定要说的话，
现在都可不理。这是独处的妙处；
我且受用这无边的荷香月
色

It has
been rather
disquieting
these days. Tonight,
when I was sitting in the yard
enjoying the cool, it occurred to me that the
Lotus Pond, which I pass by every day, must
assume quite a different look in such moonlit
night. A full moon was rising high in the sky;
the laughter of children playing outside
had died away; in the room, my wife
was patting the son, Run-er, sleepi-
ly humming a cradle song.
Shrugging on an

图3-28　文字排列成特定形状

图3-29　文字围绕图片排列

课堂互动

请同学们看一看，本教材的正文采用了哪几种编排方式呢？

（二）不同文字的编排方式

不同文字的风格不同，在版式设计中的表现自然也有所不同，设计者要根据文字的特点选择合适的编排方式。

1. 中文字体的编排方式

中文字体属于方块字，轮廓方正，在字体和字号相同的情况下，每个字所占的面积几乎一样。中文字体较为规整，编排的灵活程度相对较小，因此，一般会选择平整有序的对齐编排方式对其进行编排，如图3-30所示。

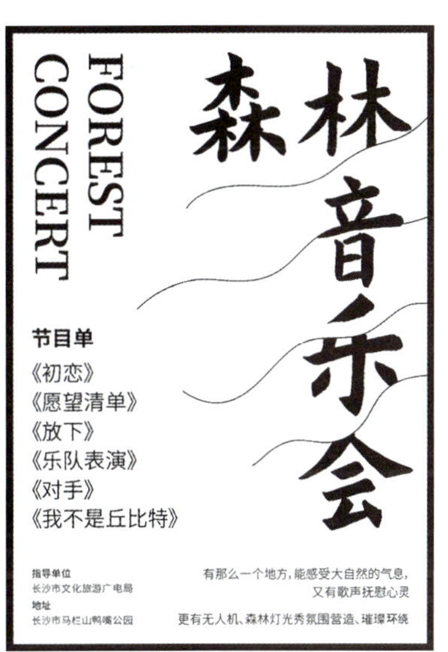

图3-30 中文字体的编排方式

2. 英文字体的编排方式

英文字体呈流线型，能够根据版面需求灵活变化，使画面生动、流畅；且不同字母所占的面积不同，便于营造错落有致的版面效果。因此，一般选择较为灵活的自由编排方式编排英文字体，如图3-31所示。

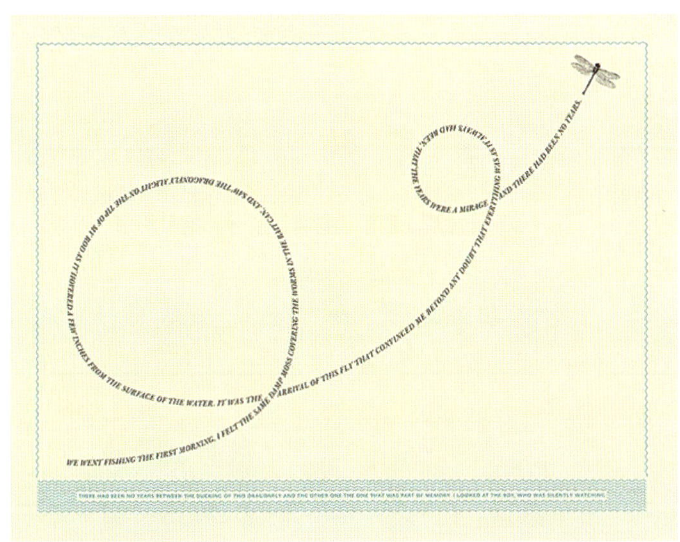
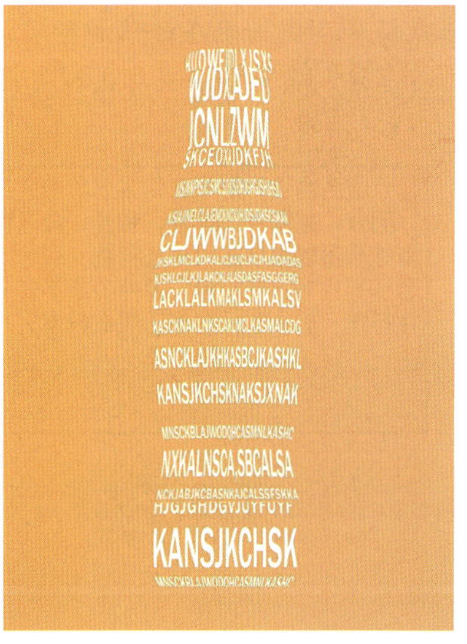

图3-31 英文字体的编排方式

3. 中英文混合的编排方式

中英文混合编排是如今版式设计中经常出现的情况，设计者要深入了解两种文字的风格和特点，将中文字体的方正、规整和英文字体的简洁、流畅巧妙结合，充分展现两种文字的格调和韵味，如图3-32所示。编排时，应注意强调两种文字的设计创意和主次关系，以使版面生动自然、层次明确；同时也要注意保证不同文字之间的和谐统一，如果字体变化过多，会导致版面过于杂乱。

图3-32　中英文混合的编排方式

知识链接

文字编排的法则

文字编排的法则主要有标点避头尾法则、单字不成行法则和标题不落底法则。

标点避头尾法则是指在编排成段的文字时，句号、问号、感叹号、逗号、顿号、分号和冒号等标点符号不能出现在段落的行首，引号、括号和书名号等成对出现的标点符号的前半部分不能出现在行尾，后半部分不能出现在行首，如图3-33所示。

标点避头尾法则是指在编排成段的文字时，句号
、问号、感叹号、逗号、顿号、分号和冒号等标
点符号不能出现在段落的行首，引号、括号和书
名号等成对出现的标点符号的前半部分不能出现
在行尾，后半部分不能出现在行首。

标点避头尾法则是指在编排成段的文字时，句号、
问号、感叹号、逗号、顿号、分号和冒号等标点符
号不能出现在段落的行首，引号、括号和书名号等
成对出现的标点符号的前半部分不能出现在行尾，
后半部分不能出现在行首。

文字是语言的视觉形式，它不仅能够突破时空局限，高效传达信息，还可以是具有创造性和审美价值的艺术元素。因此，文字是版式设计的重要组成元素之一，它既可作为“点”单独存在，又可汇集为“线”和“面”。其形态多变，可塑性强，可以极大地丰富版面的艺术表现形式。

文字是语言的视觉形式，它不仅能够突破时空局限，高效传达信息，还可以是具有创造性和审美价值的艺术元素。因此，文字是版式设计的重要组成元素之一，它既可作为“点”单独存在，又可汇集为“线”和“面”。其形态多变，可塑性强，可以极大地丰富版面的艺术表现形式。

图3-33 标点避头尾法则

单字不成行法则是指在编排文字时，单个字不能单独成行。一般可以通过调整段落宽度或字距等方法解决单字成行问题，如图3-34所示。

单字不成行法则是指在编排文字时，单个字不能单独成行。一般可以通过调整段落宽度或字距等方法解决单字成行问题，如下图所示。

单字不成行法则是指在编排文字时，单个字不能单独成行。一般可以通过调整段落宽度或字距等方法解决单字成行问题，如下图所示。

图3-34 单字不成行法则

标题不落底法则是指标题不能出现在版面的底部，与对应的段落文字分离。这是因为标题是一段文字的总结，应该与对应的段落文字作为一个整体呈现，如图3-35所示。

单字不成行法则

单字不成行法则是指在编排文字时，单个字不能单独成行。一般可以通过调整段落宽度或字距等方法解决单字成行问题。

标题不落底法则

标题不落底法则是指标题不能出现在版面的底部，与对应的段落文字分离。这是因为标题是一段文字的总结，应该与对应的段落文字作为一个整体呈现。

单字不成行法则

单字不成行法则是指在编排文字时，单个字不能单独成行。一般可以通过调整段落宽度或字距等方法解决单字成行问题。

标题不落底法则

标题不落底法则是指标题不能出现在版面的底部，与对应的段落文字分离。这是因为标题是一段文字的总结，应该与对应的段落文字作为一个整体呈现。

图3-35 标题不落底法则

任务实施

甲骨文，又称“契文”“甲骨卜辞”“殷墟文字”或“龟甲兽骨文”，是目前已知的中国最早的文字体系。甲骨文的丰富形式和深厚内涵源自它所具备的六种严谨的造字方法，即象形、指事、会意、形声、转注和假借，其中象形、指事、会意和形声比较常用，我们现在所使用的大部分汉字都可以用这四种造字方法来解释。请同学们深入了解甲骨文的相关知识，并尝试使用象形、指事、会意和形声这四种造字方法创造属于自己的汉字。

1. 搜集资料

搜集相关资料，深入了解甲骨文的相关知识。

2. 创造汉字

根据所学知识，选择象形、指事、会意和形声四种造字方法中的一种，创造一个汉字，要包括字音、字形和字义等。

3. 展示成果

在课堂上展示搜集到的相关资料和创造的汉字，说明造字方法、造字思路和造字过程。

4. 交流分享

听取教师的建议和评价，积极与其他同学展开讨论，互相分享心得体会。

任务二 别出心裁——玩转文字设计

任务导入

文学家的另一面：作为“设计师”的鲁迅

我们都知道鲁迅是我国著名文学家，但鲜有人知的是，他还是一位优秀的“平面设计师”。鲁迅不仅文笔出众，其审美品位和设计能力也同样出色。他一生设计了80多个封面作品，个个典雅美观，极具特色，其中的文字设计更是别出心裁，令人赞叹，如图3-36～图3-38所示。

图3-36 《奔流》封面（鲁迅） 图3-37 《萌芽月刊》封面（鲁迅） 图3-38 《小彼得》封面（鲁迅）

这些封面所用的图案和色彩都非常简单，仅靠精妙的文字设计就展现出了强烈的艺术表现力。例如，在《奔流》的封面中，标题“奔流”二字整体形态宽扁，笔画锐利且互相衔接，文字轮廓用黑线描边，整体给人一种奔腾流动之感，巧妙呼应了书名；在《萌芽月刊》的封面中，标题“萌芽月刊”的笔画纤细与粗壮并存，圆润与尖锐同在，每个字都充满设计感，展现出十足的生命力，显得肆意、张扬；在《小彼得》的封面中，标题“小彼得”三个字圆润弯曲，笔画末端带有装饰花纹，充满童趣，和该书的童话主题十分匹配。

由此可见，优秀的文字设计是版式设计的灵魂所在，文字设计能力也是设计者必须具备的能力。接下来，就让我们深入学习相关知识，进一步提升自己的文字设计能力和审美素养吧。

一、文字强调的方法

为了突出版面中的重要内容，设计者需要对相应的文字进行强调，以吸引读者的注意。文字强调的方法主要有突出首字、进行特殊处理和使用指示性符号等。

（一）突出首字

突出首字是指对某段文字的首字进行放大处理，是版式设计中常用的一种文字强调方法。突出的首字有吸引视线、提示正文和活跃版面的作用，其具体大小要根据版面空间和设计风格而定。为了保证突出的首字与其他文本的和谐统一，首字通常会下沉多个完整字行的高度，如图3-39所示。

> 曲 曲折折的荷塘上面，弥望的是田田的叶子。叶子出水很高，像亭亭的舞女的裙。层层的叶子中间，零星地点缀着些白花，有袅娜地开着的，有羞涩地打着朵儿的；正如一粒粒的明珠，又如碧天里的星星，又如刚出浴的美人。

图3-39　突出首字

（二）进行特殊处理

如果需要对文本中的个别文字进行强调，可以对它们进行加粗、倾斜、变色、加底色、加阴影、加浮雕和加描边等特殊处理，如图3-40～图3-43所示。必要时，设计者可以同时使用多种特殊处理方法，以使版面生动活泼；但要注意不能胡乱使用，否则会让版面混乱，影响读者的阅读体验。

> 如果需要对文本中的个别文字进行强调，可以对它们进行**加粗**、*倾斜*、变色和加底色等特殊处理。

图3-40　加粗、倾斜、变色和加底色

图3-41　加阴影

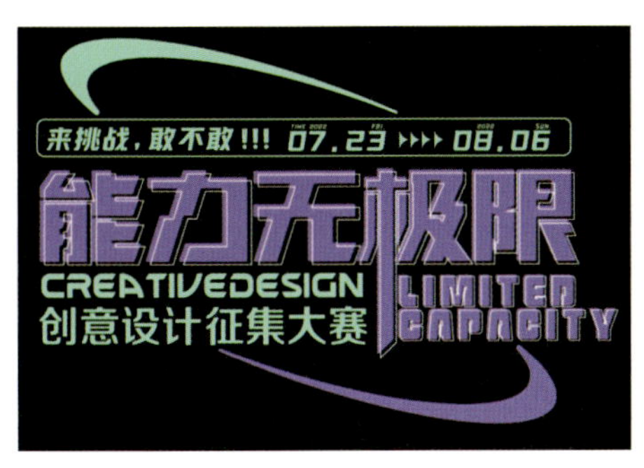

图3-42 加浮雕

图3-43 加描边

（三）使用指示性符号

设计者还可以通过使用指示性符号对文字进行强调，比如为文字添加下划线、实线框、虚线框或其他指示性符号。这种方法可以有效划分版面空间，突出重要信息，同时丰富版面的视觉效果，如图3-44所示。

图3-44 使用指示性符号

二、文字的创意变化

文字既可以是“字”，又可以是“图”；既可以为“点”，又可以汇集为“线”和“面”；既可以是传达信息的工具，又可以是极具艺术表现力的审美对象。文字姿态万千，充满自由发挥的空间，设计者可以充分发挥想象力，使文字展现出惊艳的视觉效果和旺盛的生命力。

（一）文字解构

文字解构是指在不影响文字可识别性的基础上，对文字的笔画进行拆分，并重新组合设计。文字解构能够赋予文字以全新的形态和十足的活力，增强版面的趣味性和吸引力，从而达到意想不到的版面效果，如图3-45所示。不过，需要注意的是，解构文字时也要遵循文字的基本结构规律，不能胡乱创造。

图3-45　文字解构

（二）文字图形化

文字图形化，顾名思义，就是使文字具备图形的特点，这样创造出来的元素既是文字，又是图形。其实追根溯源，文字的最初形态就是图形，比如商朝的甲骨文，其中许多文字都是真实事物的形态再现，如图3-46所示；之后，文字在演变的过程中逐渐变得抽象，失去了大部分的图形特征，而文字图形化正是将文字的原始形态复现的一种表现手法。

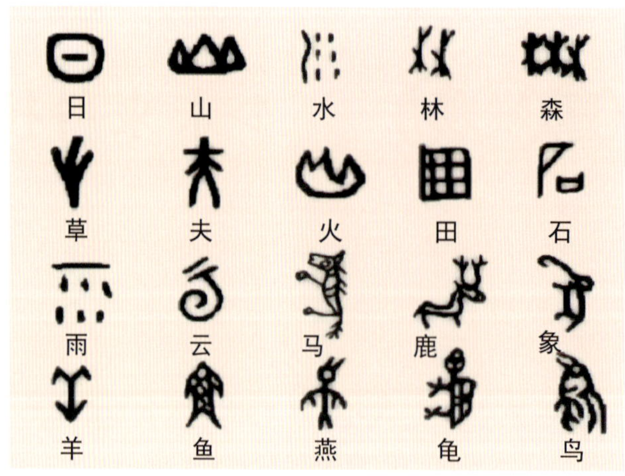

图3-46　甲骨文

文字图形化强调文字的审美属性，能够使文字变得更加直观、美观，具有视觉冲击力，从而打造出别具一格、妙趣横生的版面效果，如图3-47所示。

在这张图中，设计者用黑色横线填充“书屋”二字的笔画空隙，形成了书籍层叠堆放的效果，让“书”填满了书屋。

在这张图中，设计者用唱片图案替换“唱”字的部分笔画，让文字瞬间充满动感。

在这张图中，设计者将“竹”字的笔画拉伸，让多个“竹”字组成一片“竹林”，从而使版面趣味十足。

在这张图中，设计者分别用笔、墨、纸、砚四种元素替换汉字“笔”“墨”“纸”“砚”的部分笔画，让抽象的文字变得具象，也使版面更加生动形象。

在这张图中，设计者将字母堆叠成一本书的形状，使平面的文字具有立体感。

图3-47 文字图形化

(三) 文字重叠

文字重叠是指将文字与其他元素重叠放置，可以是文字与文字重叠，如图3-48所示；也可以是文字与图片重叠，如图3-49所示。文字重叠可以突出主题，增强文字的空间感和表现力，同时丰富版面的视觉层次。

在这张图中，“失而”二字被模糊化，若隐若现，而“复得”二字覆盖在“失而”之上，清晰可见，其中两个“复”字并列出现，强调了“重新获得”的结果，整体设计极具表现力。

在这张图中，“隐藏”二字虽然被遮挡，但依然能够第一时间抓住读者的眼球，而背景中的“事实”二字需要仔细观察才能够辨认。这种设计巧妙地契合了“隐藏事实”的主题，令人惊叹。

图3-48　文字与文字重叠

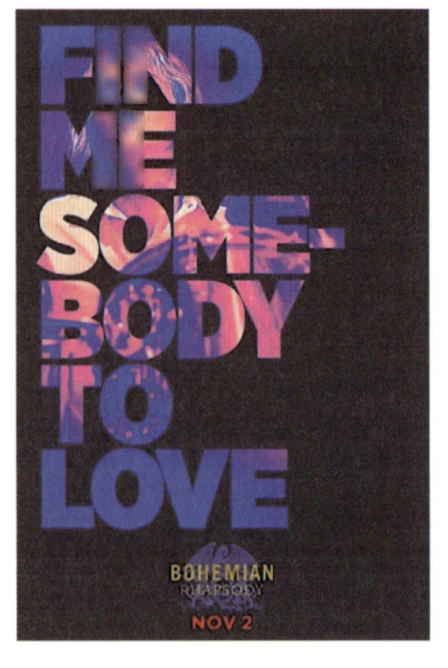

图3-49　文字与图片重叠

(四)文字的艺术化表现

除了以上提到的方法之外，设计者还可以充分发挥创造力，采用多种方式对文字进行艺术化处理，比如改变文字的肌理、为文字增加特殊装饰等，从而让文字突破自身局限，呈现出千姿百态的形象，在版面中大放异彩，如图3-50所示。

在这张图中，设计者将文字的肌理处理成水的肌理，以贴合“水”的主题。

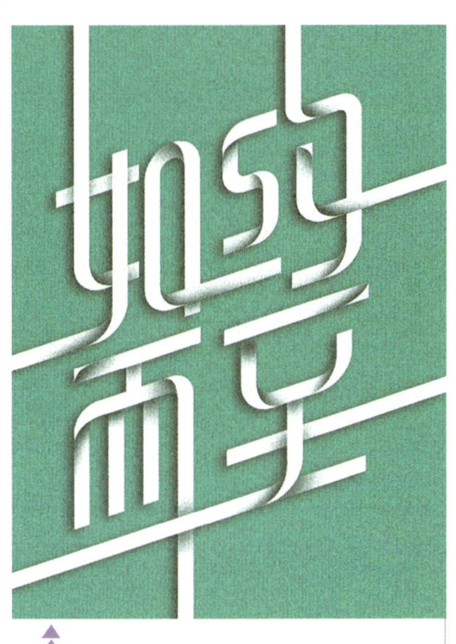

在这张图中，设计者将文字分解成一条条飘带，飘带互相缠绕，构成“如约而至”四个字，颇有飘逸灵动之感。

在这张图中，文字层层叠叠，向四面八方发散，仿佛要冲出版面，给人以强烈的视觉冲击。

在这张图中，“海”字被分割为两半，一半在海平面上，与明月互相映衬；一半在海平面下，波光粼粼，随风浮动，让人仿佛置身于微风拂过的海边。

在这张图中，“端午”二字被设计成剪纸效果，文字下面的端午节盛况若隐若现。

在这张图中，“镜面”二字的阴影被拉长投射在版面上，增强了文字的立体感，营造出了一种虚实相接的意境。

图3-50 文字的艺术化表现

名词解释

在《现代汉语词典》中，肌理是指物体表面的纹理，表达了人对物体表面的纹理特征的感受，比如干燥和湿润、粗糙和平滑、柔软和坚硬等。

知识链接

点墨绘情——文字设计中的书法元素

书法是中华民族艺术宝库中的一颗璀璨明珠，它经过数千年的发展、演变与沉淀，形成了独特、鲜明的艺术风格，巍然屹立于世界文化之林，如图3-51和图3-52所示。在文字设计中融入书法元素，能够有效提升作品的艺术表现力，丰富其视觉效果，同时充分展现书法艺术独有的韵味，彰显中国传统文化的魅力。

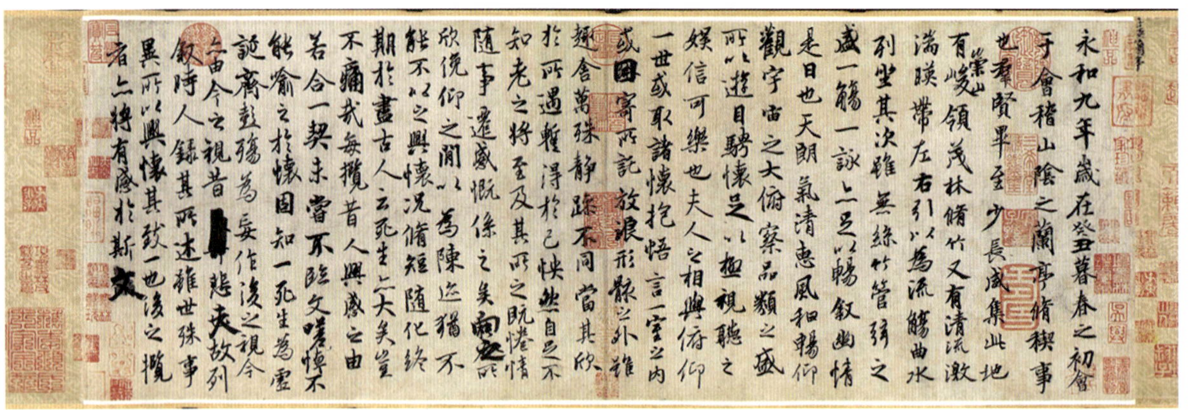

图3-51 《兰亭序》（王羲之）

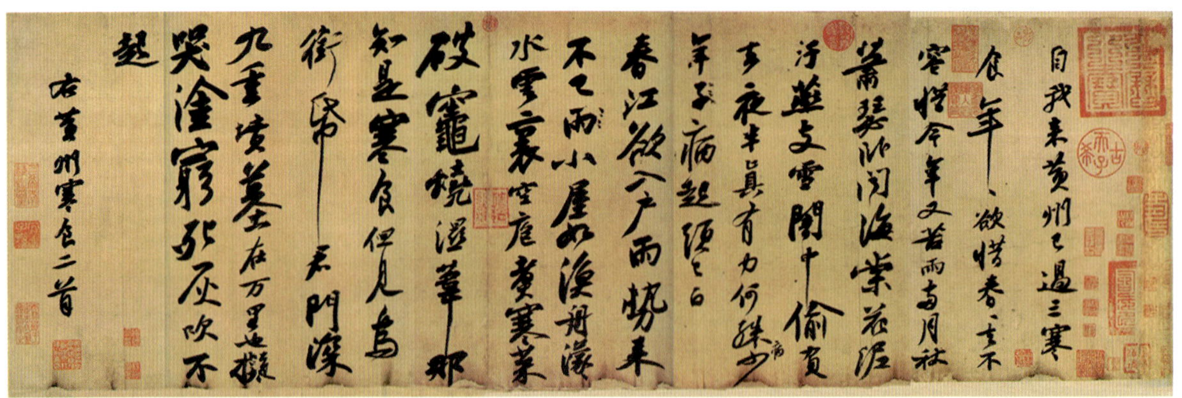

图3-52 《黄州寒食帖》（苏轼）

现在越来越多的设计作品都开始运用书法元素，将传统与现代巧妙结合，使书法艺术焕发出新的生机。书法字体在形成不同版面风格方面有着天然的优势，这是因为经过历代的继承与发展，书法艺术演变出了各种风格的字体，比如古朴的隶书、典雅的楷书、飘逸的行书、狂乱的草书等，所以书法字体在文字设计中也能够千变万化，可以闲适，可以庄严，可以张扬，如图3-53所示；此外，书法字体还可以通过字体大小和笔画粗细的强烈对比，使版面富有变化又协调统一。

图3-53 文字设计中的书法元素

惊艳全国的字体设计

任务实施

名字是每个人独有的标签，每个人的名字都饱含着亲人的祝福与期望，具有特殊意义。请同学们结合自己名字的来源和特殊意义，运用上文提到的处理文字的方法，对自己的名字进行创意设计。

1. 搜集案例

搜集优秀的文字设计案例并对其进行分析，从中汲取灵感，构思设计方案。

2. 设计名字

结合名字的来源和特殊意义，尽情发挥想象力和创造力，对名字进行创意设计，同时记录设计思路和设计过程。

3. 展示作品

在班级内展示作品，并讲解名字的来源和特殊意义以及设计的思路、方法和过程。

4. 交流分享

听取教师的建议和评价，积极与其他同学展开讨论，互相分享心得体会。

5. 总结整理

总结、整理教师和同学们的建议，进一步完善设计。

项目实训

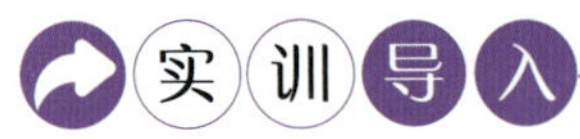

实训导入

食堂可能是同学们在学校除了宿舍和教室之外去得最多的地方。一到饭点，大家就会暂时放下手头繁忙的学习任务，奔向食堂，寻求美食的慰藉。不过，你留意过学校食堂的菜单吗？一份精致美观的菜单不仅能够方便点餐，增强食欲，还能够给大家带来美的体验，让大家沉浸在视觉和味觉的双重享受中，如图3-54所示。

图3-54 创意菜单

实训要求

请同学们运用所学知识，通过小组合作的方式，为学校食堂设计一份精致美观的菜单。

步骤提示

1 自由结组

同学们自由组队，4～6人一组，组内推选出一名小组长，小组长根据任务内容合理分工。

2 搜集和分析案例

广泛搜集优秀的菜单案例，结合所学知识分析其版式设计、文字编排和文字设计等，并从中汲取灵感。

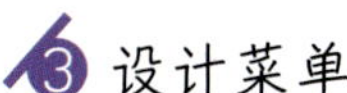

设计菜单

（1）食堂调研

去食堂现场调研，深入了解食堂情况，比如食堂有哪些窗口，分别有哪些菜系，具体有哪些菜品，工作人员对菜单有什么期望和要求，用餐群体喜欢哪种风格的菜单，等等。

（2）确定主题

根据调研信息，确定要为其设计菜单的食堂或窗口，进而确定设计主题。

（3）设计作品

在确保符合设计主题和设计要求的基础上，运用版式设计、文字编排和文字设计等的相关知识设计菜单。

4 展示与交流

各小组分别派一名代表展示本小组的成果，并做简单说明，然后收集、整理教师与其他同学的建议和评价，课后继续修改和完善作品。

5 作品评选

由教师和同学们共同投票选出三份优秀作品，并将优秀作品送至学校食堂，投入使用。

项目评价

以小组为单位，各组成员结合任务实施和项目实训的情况对本项目的学习效果进行自评和互评，并请教师进行总体评价，完成后填写项目评价表，见表3-2。

表3-2　项目评价表

<table>
<tr><th rowspan="2">评价指标</th><th rowspan="2">评价标准</th><th rowspan="2">分值</th><th colspan="3">评价得分</th></tr>
<tr><th>自评</th><th>互评</th><th>师评</th></tr>
<tr><td rowspan="5">知识与技能评价（50%）</td><td>了解文字的字体、字号、字距和行距等基础知识</td><td>5</td><td></td><td></td><td></td></tr>
<tr><td>熟悉文字的组织原则和编排方式</td><td>10</td><td></td><td></td><td></td></tr>
<tr><td>掌握文字设计的思路和方法</td><td>10</td><td></td><td></td><td></td></tr>
<tr><td>具备搜集优秀文字设计案例和赏析案例的能力</td><td>10</td><td></td><td></td><td></td></tr>
<tr><td>能够灵活运用相关知识进行文字设计</td><td>15</td><td></td><td></td><td></td></tr>
<tr><td rowspan="3">过程与方法评价（25%）</td><td>课前认真预习，搜集版式设计中文字运用的相关知识</td><td>5</td><td></td><td></td><td></td></tr>
<tr><td>能够积极参与课堂互动</td><td>5</td><td></td><td></td><td></td></tr>
<tr><td>能够高质量、高效率地完成各项任务，并不断反思、总结</td><td>15</td><td></td><td></td><td></td></tr>
<tr><td rowspan="3">核心素养评价（25%）</td><td>在赏析案例的过程中，增强文化自信</td><td>5</td><td></td><td></td><td></td></tr>
<tr><td>具备良好的学习态度，能够主动提升设计实践能力和培养创新意识</td><td>10</td><td></td><td></td><td></td></tr>
<tr><td>在完成任务实施与项目实训的过程中，积极同他人分享与交流，认真倾听他人建议</td><td>10</td><td></td><td></td><td></td></tr>
<tr><td>总评</td><td>自评（20%）+互评（20%）+师评（60%）=</td><td colspan="4">教师（签名）：</td></tr>
</table>

项目四

4

版式设计中图片的运用

- 任务一　慧眼识珠——正确选择图片
- 任务二　图文并茂——灵活运用图片

项目导读

图片是版式设计传播信息的重要手段之一，直观、形象的图片能够给人带来强烈的视觉刺激，可以有效增强版面的趣味性和吸引力，避免通篇文字带来的呆板、乏味。

本项目包括两项任务，即“正确选择图片”与“灵活运用图片”，主要涉及图片的特性、图片的类型、图片的风格、选择图片的注意事项、图片的大小、图片的编排、图片的裁切和图片的方向等知识。本项目能够帮助学生深入掌握图片运用的方法，并通过任务实施和项目实训等模块让学生将所学知识应用于设计实践，提升其创造能力和审美水平。

学习目标

【知识目标】

1. 了解图片的特性、类型和风格等基础知识。
2. 牢记选择图片的注意事项。
3. 掌握图片运用的方法。

【技能目标】

1. 能够利用所学知识合理运用图片。
2. 能够根据设计主题和设计需求灵活处理图片。
3. 具备赏析优秀案例的能力。

【素养目标】

1. 通过选择和运用图片素材独立完成设计实践任务，提升审美素养和设计能力。
2. 通过欣赏和运用与传统文化相关的图片素材，坚定文化自信。
3. 在与他人合作完成项目实训的过程中，培养协作能力和团队精神。

任务一　慧眼识珠——正确选择图片

任务导入

《山海经》：观山海无边，感万物有灵

《山海经》是一部内容丰富、风格独特的古代著作，它记载了我国古代的历史、地理、民族、神话、生物、水利、矿产和医学等诸多方面的内容，堪称古代的“百科全书”。《山海经》共十八卷，分为山经和海经两大部分，山经以四方山川为纲，主要记录了古史、草木、鸟兽和神话等内容；海经主要记录了地理知识和异国外人的相貌、风俗等内容，如图4-1所示。

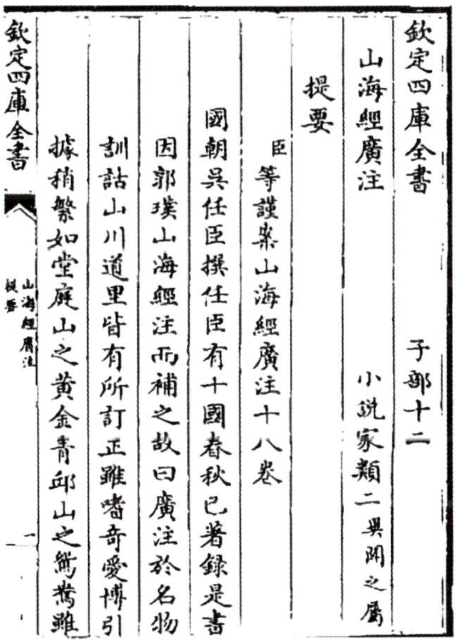

欽定四庫全書　子部十二
山海經廣注　小說家類二 異聞之屬
提要
臣等謹案山海經廣注十八卷
國朝吳任臣撰任臣有十國春秋已著錄是書
因郭璞山海經注而補之故曰廣注於名物
訓詁山川道里皆有所訂正雖嗜奇愛博引
據稍繁如堂庭山之黃金青邱山之鴛鴦雖
欽定四庫全書　山海經廣注 提要

图4-1 《山海经广注》局部（吴任臣）

很多学者都认为最初的《山海经》应该是一部根据图片撰写文字的著作，也就是先有图，后有文，但其中的图片都在历史的变迁中遗失了，只有文字流传了下来。现在《山海经》中的配图都是后人根据文字描述，再辅以想象绘制而成的，这些配图让枯燥的文字焕发了生机，也让我们从中窥见古人丰富的想象力，对那些奇异的神话和鬼怪有了更加直观、深刻的认识；其中流传最广的要属明代蒋应镐、武临父为《山海经》绘制的配图，如图4-2所示。

图4-2 《山海经》配图

由此可见，单纯的文字描述难免会让人觉得单调、枯燥，为文字配上合适的图片才能更好地诠释文字的内涵，让读者感受图文并茂的魅力。

一、图片的特性

图片是版面的重要组成元素之一，它所拥有的强烈的吸引力和视觉冲击力来源于它的三个特性，即直观性、瞬时性和创意性。

（一）直观性

正所谓“一图胜千言”，这并不是说文字的表达力弱，而是说图片具有更强的直观性，可以消除文化、语言和民族等多方面的差异，减少不同群体之间的理解障碍，准确、快速地传达一些文字难以描述的信息，同时也使版面丰富多彩，如图4-3所示。

图4-3 图片的直观性

（二）瞬时性

与文字相比，图片更容易抓住人的眼球，也更容易被人记住。在版式设计中选择合适的图片可以快速、有效地传达版面信息，与读者进行视觉上的互动，从而在短时间内给读者留下长久、深刻的印象，如图4-4所示。

图4-4 图片的瞬时性

（三）创意性

图片的创意性体现在图片可以被自由改变和处理。设计者可以根据设计主题和设计需求对图片进行创意加工，使图片新颖、有趣。富有创意性的图片不仅可以使版面充满表现力和感染力，还可以启发读者展开联想，加深读者对信息的理解，如图4-5所示。

图4-5　图片的创意性

二、图片的类型

在版式设计中，不同类型的图片有不同的作用，也会直接影响版面的视觉效果。图片的类型主要有角版图、去底图、满底图和其他形状的图片四种。

（一）角版图

角版图也被称为“方形图”，是指边缘被直线裁切，整体形状为方形的图片。角版图是版式设计中非常常见的一种图片，它外形端正、规整，能够给人一种庄重、平稳的感觉，常被用于比较正式的版面，如图4-6所示。

图4-6　角版图

（二）去底图

去底图也叫“褪底图”或“抠底图”，是指去除背景，只保留主体部分的图片。去底图可以有效去除原始图片中的干扰内容，使目标图像更加突出，且去底图的编排灵活程度高，表现力强，能使版面生动自然，充满趣味，如图4-7所示。

图4-7 去底图

知识链接

图片去底的方法

在实际操作中，我们一般会用Adobe Photoshop软件对图片进行去底，具体可分为以下两种情况。

如果原始图片背景颜色单一，目标图像边界清晰，且与背景的颜色差异明显，就可以采用较为简便的“魔棒工具”对图片进行去底。第一步，选择工具栏中的“魔棒工具”，如图4-8所示；第二步，用“魔棒工具”点击图片背景，会出现一圈框住背景的虚线框，如图4-9所示，如果想要调整虚线框的范围，可以修改顶端属性栏中的“容差”值，如图4-10所示；第三步，按下键盘上的“Delete”键删除背景，就可以得到单独的目标图像了，如图4-11所示。

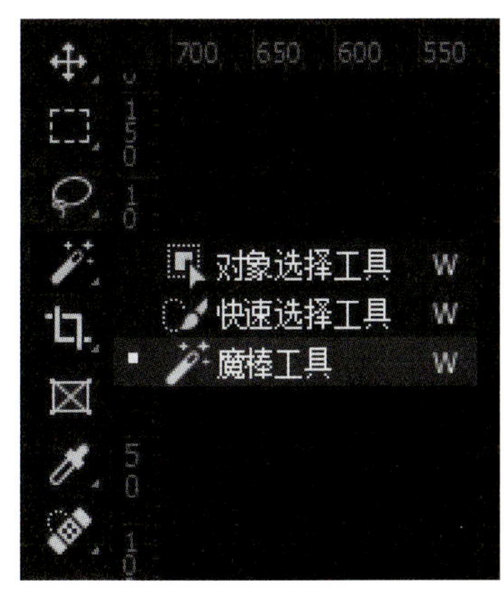

图4-8 第一步：选择“魔棒工具”

图4-9 第二步：选中背景

图4-10 修改“容差”值

图4-11　第三步：删除背景

如果原始图片的背景比较杂乱，需要更为细致的处理，就可以采用“磁性套索工具”对图片进行去底。第一步，选择工具栏中的“磁性套索工具”，如图4-12所示；第二步，使用“磁性套索工具”沿着目标图像的边界放置锚点，软件会自动生成一条线附着在图像边界上，在边界比较模糊的地方要仔细放置锚点，如图4-13所示；第三步，将“磁性套索工具”的终点与起点重合，使套索闭合，这时会出现一圈框住目标图像的虚线框，如图4-14所示；第四步，选中目标图像，点击鼠标右键，选择“选择反向”选项，如图4-15所示；第五步，按下键盘上的“Delete”键删除背景，得到单独的目标图像，如图4-16所示。

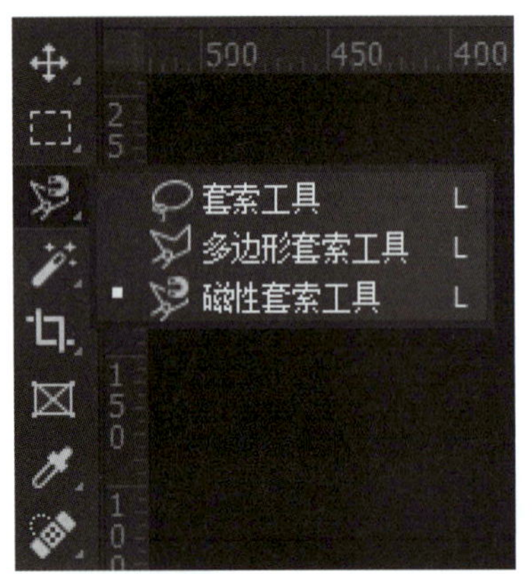

图4-12　第一步：选择“磁性套索工具”

图4-13　第二步：沿目标图像边界放置锚点

图4-14　第三步：使套索闭合

图4-15　第四步：选择“选择反向”选项

图4-16 第五步：删除背景

（三）满底图

满底图的使用

满底图，也叫“出血图”，是指能够单独填满整个版面的图片。满底图不受版面限制，能够最大化地展示图片的细节与信息，使版面开阔、舒展，充满表现力，如图4-17所示。

图4-17 满底图

名词解释

出血，是印刷行业的一个常用术语，是指为保留画面有效内容，在设计印刷物尺寸时预留出的方便裁切的部分。除了某些特殊的印刷物，出血一般设置为3 mm。

（四）其他形状的图片

其他形状的图片是指除了角版图以外的被裁切为特定几何形状的图片，比如圆形图片、三角形图片等。这些图片可以呈现出不同于角版图的形象和风格，给读者以不同的视觉感受，如图4-18所示。

图4-18　其他形状的图片

三、图片的风格

图片的风格会直接影响版面的整体效果，因此，在进行版式设计时，要根据设计主题和设计需求选择风格合适的图片，保证图片和版面整体风格统一。图片的风格主要有具象、抽象、夸张和简洁四种。

（一）具象

具象风格的图片多以实物拍摄图为主，如人物、动物、建筑、自然景观等的图片，其特点在于能够直接、恰当地体现版面所要表达的主题，给读者以直观的视觉感受。富含人文气息的具象图片不仅可以生动还原所展示的对象的形象，还可以引起读者心灵深处的共鸣，如图4-19所示。

图4-19　具象风格的图片

（二）抽象

抽象和具象是一对相对的概念，抽象是指对事物特征进行高度概括和提炼的表现手法，具有一定的隐喻性。抽象风格的图片往往具有独特的艺术表现和强烈的个人色彩，能够快速吸引读者的注意，带给读者无限的想象空间，使版面生动、有趣，如图4-20所示。

图4-20 抽象风格的图片

（三）夸张

夸张是文学、影视、设计等领域比较常用的表现手法，是指对事物的形象或特征有意识地进行夸大的手法。在版式设计中恰当运用夸张手法不仅可以突出版面重点，还可以增强版面的趣味性和艺术性，使版面富有视觉冲击力，如图4-21所示。

图4-21 夸张风格的图片

（四）简洁

如果使用的图片包含的信息过多，会使版面显得杂乱无章，不利于突出版面重点，有时还可能会分散读者的注意力，让读者产生视觉疲劳。简洁风格的图片不仅可以使版面干净、大方，还可以快速传达信息，准确表达主题，如图4-22所示。

图4-22　简洁风格的图片

四、选择图片的注意事项

选择图片时，除了要关注图片的类型和风格是否合适之外，还应该关注图片的分辨率、完整度和色调三个方面是否符合设计主题和设计需求。

（一）注意分辨率

分辨率是描述图片清晰度的参数，它决定了版面的最终呈现效果。低分辨率的图片模糊不清，会大大降低版面品质，让读者产生不好的观感，如图4-23所示；而高分辨率的图片画质细腻、细节丰富、色彩鲜明，能够增强版面的感染力，给读者带来视觉上的享受，如图4-24所示。

图4-23　低分辨率的图片

图4-24　高分辨率的图片

知识链接

分辨率的单位

分辨率的常用单位有dpi和ppi。dpi是“dots per inch”的首字母缩写，直译为“点每英寸”，常表示印刷分辨率的大小，比如300 dpi的含义是每英寸单位长度内排列了300个墨点；ppi是“pixels per inch”的首字母缩写，直译为“像素每英寸”，常表示显示分辨率的大小，比如72 ppi的含义是每英寸单位长度内排列了72个像素。

（二）保证完整度

运用图片时，要尽量保证图片的完整度，尤其是涉及产品或人物的图片。不完整的图片不仅会降低版面的整体品质，还会妨碍读者获取关键信息，如图4-25所示；完整的图片才能准确传达版面所包含的信息，如图4-26所示。

图4-25 不完整的图片

图4-26 完整的图片

（三）关注色调

图片的色调也会影响版面的整体效果，设计者要根据版面的整体风格来调整图片的色调，保证图片与版面色调一致，以使整体和谐统一，如图4-27所示。

第一张图的色调是黑白的，比较适合整体风格深沉、庄严的版面；第二张图的色调较为灰暗，比较适合整体风格冷冽、阴郁的版面；第三张图的色调明艳，比较适合整体风格阳光、积极的版面。

图4-27　不同色调的图片

课堂互动

请同学们讨论一下，在版式设计中选择图片还有什么需要注意的地方？

任务实施

拍照是人们记录生活碎片、定格美好瞬间的一种常用方式，能够拍出一张满意的照片当然是令人愉悦的，但是一张好照片的诞生往往伴随着许多张不尽如人意的“废片”的产生。不过，这些“废片”并非“无药可救”，我们可以运用一些处理图片的方法来拯救“废片”，化腐朽为神奇。请同学们运用所学知识对自己拍摄的“废片”进行处理，让它们变“废”为宝。

1. 选取照片

从自己拍摄的照片中选取不太满意的几张。

2. 分析照片

仔细观察照片并分析它们的不足，然后认真思考要运用哪些处理图片的方法来改善这些不足，可以参考的方法有改变色调、裁切图片等。

3. 处理照片

运用所学知识处理照片，不断调整、修改直至满意为止。

4. 展示成果

在课堂上展示原始照片和处理后的照片，并简单介绍处理方法和过程。

5. 交流分享

听取教师的建议和评价，积极与其他同学展开讨论，互相分享心得体会。

任务二　图文并茂——灵活运用图片

任务导入

小张的困惑

小张是一名设计专业的学生，他最近在某设计公司找到了一份平面设计的实习工作。这天，小张的领导给他发了一份文案和几张图片素材，让他设计一张以“昆虫科普”为主题的宣传海报，要求是主题明了、设计简洁、画面清新。小张一接到任务便马不停蹄地开始了，并且很快就完成了海报的设计，如图4-28所示，并把它发给了领导。

领导隔了一天才回复小张，他说：“小张，你做的海报基本形式还可以，但是在图片的运用方面还是存在很多不足，我把你的作品稍微改了一下，你好好研究一下吧。”然后领导就给小张发了一张海报，如图4-29所示。

图4-28　小张设计的海报

图4-29　领导修改后的海报

通过对比，我们可以发现，小张对图片的运用不太恰当，导致设计出来的海报版面杂乱无章，无法很好地体现主题；而领导修改后的海报不仅可以清晰、明了地展示主题，还可以给读者带来良好的视觉体验。由此可见，在设计版面之前对图片进行合理的调整是非常重要的。

接下来，就让我们一起学习版式设计中图片运用的相关知识吧。

一、图片的大小

图片的大小会直接影响版面中图文信息的主次关系和读者的阅读顺序。另外，图片之间的大小差异还可以形成强烈的视觉对比，使版面主次分明、富有节奏感。

（一）大尺寸的图片

大尺寸的图片在视觉上的优先级更高，能够有效提高版面的吸引力和视觉冲击力。在版式设计中，设计者通常会将重点图片放大，从而直观、快速地将重要信息传达给读者，如图4-30所示。不过，放大图片时也要注意把握好度，要结合版面中的其他设计元素综合考量，随意放大图片不仅会浪费版面空间，还会使版面失去平衡。

图4-30　大尺寸的图片

（二）小尺寸的图片

和大尺寸的图片相比，小尺寸的图片给人的感觉往往更加精美、别致，在版面中的编排也更加灵活。在版式设计中，设计者通常会将需要弱化的图片缩小，使其起到点缀、丰富版面的作用，如图4-31所示。要注意图片的尺寸不能过小，否则会使图片细节丢失，导致信息无法充分传达，而且还会造成读者的阅读障碍。

04 艺术

时代的水彩 水彩的时代

笔墨丹青里的端午

与天地相往来 与自然相会心

图4-31　小尺寸的图片

知识链接

图片跳跃率

图片跳跃率描述的是版面中不同图片的尺寸或焦距之间的对比程度。图片的尺寸对比越弱，焦距差异越小，图片跳跃率就越低，呈现出来的画面就会更加沉稳、安静，如图4-32所示；图片的尺寸对比越强，焦距差异越大，图片跳跃率就越高，呈现出来的画面就会更活泼、热闹、有动感，如图4-33所示。

图4-32 图片跳跃率低的版面

图4-33 图片跳跃率高的版面

二、图片的编排

对于图文兼具的版式设计来说，图片的编排是非常关键的一环，它可以直接影响版面的整体布局和信息传达的效果。设计者应该先对图片的数量、功能和风格等进行分析，然后根据这些因素确定图片在版面中的编排方式，以使版面和谐有序。

（一）单张图片的编排

单张图片的编排对图片的质量、表现力的要求非常高，同时也十分考验设计者的设计水平。设计者要深入挖掘图片的特点，并通过合理的编排方式使图片能够充分展现设计主题和设计理念，同时快速抓住读者的眼球，如图4-34所示。单张图片的运用大多出现在图版率为100%的版面中，设计者会用一张图片填充整个版面，这样可以给读者带来强烈的视觉冲击力和代入感，还可以使版面更加直观、简洁。

图4-34　单张图片的编排

知识链接

图版率

图版率是指版面中全部图片所占面积与版面整体面积之比，范围为0%～100%。一般来说，图版率高的版面更有表现力和亲和力，如图4-35所示；图版率低的版面更有格调和高级感，如图4-36所示。

图4-35　图版率高的版面

图4-36　图版率低的版面

（二）多张图片的编排

编排多张图片时，要充分考虑不同图片的特点和所包含的信息，合理安排每张图片的位置和大小，以使版面主次分明、和谐有致。一般可以从图片编排的疏密程度和规则程度两个方面对多张图片的编排方式进行分类。

1. 图片编排的疏密程度

根据图片之间的疏密程度，可以将多张图片的编排方式分为紧密编排和疏松编排两种。

（1）紧密编排

调整图片之间的距离是表现版面视觉逻辑的重要手段，人们一般会将相距较近的事物联系在一起。因此，设计者可以将具有强关联性的图片紧密编排，从而建立版面的层级关系，使版面结构分明，如图4-37所示。

图4-37　紧密编排

(2) 疏松编排

在版面中，相距较远的图片看起来更独立，它们各自能够获得的关注度也会更多。设计者可以将关联性较弱的图片疏松编排，这样能让它们在视觉上形成比较明显的区块，从而减少信息之间的互相干扰，使版面清晰、简洁，如图4-38所示。

图4-38　疏松编排

2. 图片编排的规则程度

根据图片编排的规则程度，可以将多张图片的编排方式分为规则编排和自由编排两种。

(1) 规则编排

规则编排的特点是图片要按照一定的规则分布，一般会组合成一个特定的规则形状，比如长方形、正方形等。这种编排方式可以使版面显得均衡、稳重、有秩序，给人一种整齐、大方的视觉感受，如图4-39所示。

图4-39　规则编排

(2) 自由编排

自由编排的特点是图片的分布比较随意，大小也比较灵活。这种编排方式能给人自由、轻快的视觉感受，能够让版面具有一种不规则的美感，如图4-40所示。

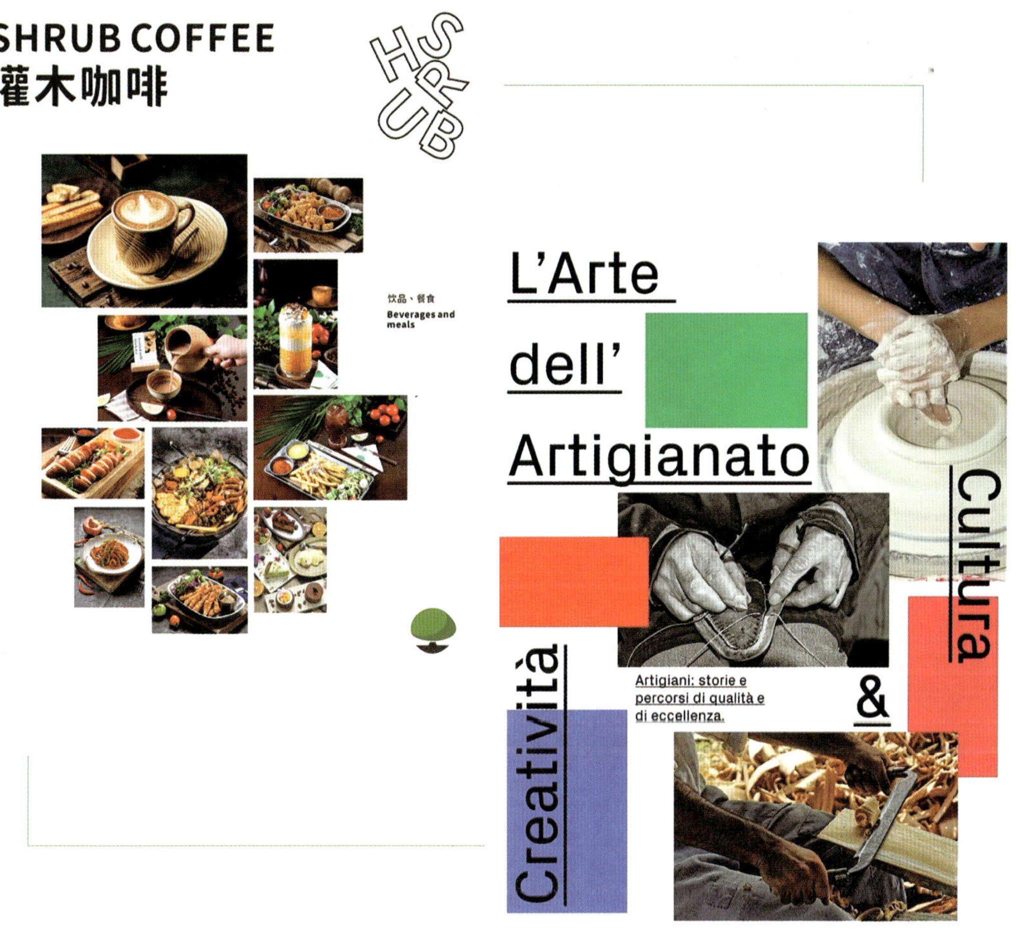

图4-40 自由编排

三、图片的裁切

根据设计需求合理裁切图片是让图片完美融入版面的重要手段。一般来说，裁切图片的原则主要有去除次要部分、优化构图方式、特写突出重点三个方面。

（一）去除次要部分

如果图片中与主题相关性较低的元素过多，会导致读者注意力分散，无法快速获取版面的关键信息。因此，设计者需要对图片素材进行处理，去除图片的次要部分，只提取重点和精华，从而尽可能地消除干扰因素，打造清晰、直观的版面效果，如图4-41所示。

图4-41　去除次要部分

设计者要设计一张以“新品草莓派上市”为主题的宣传海报。第一张图为原始图片素材，图片左上角和左下角有与主题相关性较低的碟子、勺子等元素，会在一定程度上分散读者的注意力；因此，设计者按照第二张图的裁切方式对原始图片进行了处理，并运用裁切后的图片设计出了第三张图所示的海报。由此可见，对原始图片的合理裁切有效消除了图片中的干扰因素，强化了版面主题，也使得最终呈现的版面更加集中、直观。

（二）优化构图方式

裁切图片的过程其实也是二次构图的过程。设计者需要根据形式美法则和视觉原理对图片进行合理裁切，优化图片的构图方式，进一步提升图片的美感；同时，还需要根据版面的比例和大小调整图片的比例和大小，让图片更好地融入版面，以创作出一个构图合理、画面美观、具有质感的版式设计作品，如图4-42所示。

图4-42　优化构图方式

第一张图为原始图片素材，画面内容比较丰富，构图比较随意，比例和大小也不太合适。因此，设计者采用对角线构图法，截取了第二张图中的明亮部分作为版面的选图。我们可以从第三张图中看到，裁切后的图片被两条对角线切割，形成了四个各不相同却又和谐有序的区域，整个画面规整、稳定、极具美感；而由其构成的版面也充满了艺术性，让人赏心悦目。

（三）特写突出重点

特写是一种常见的表现手法，设计者可以通过裁切图片保留图片中的重要内容，并对其进行深度刻画和描绘。在版式设计中运用特写图片不仅能明确版面主题，突出版面重点，还能增强版面的吸引力和感染力，如图4-43所示。

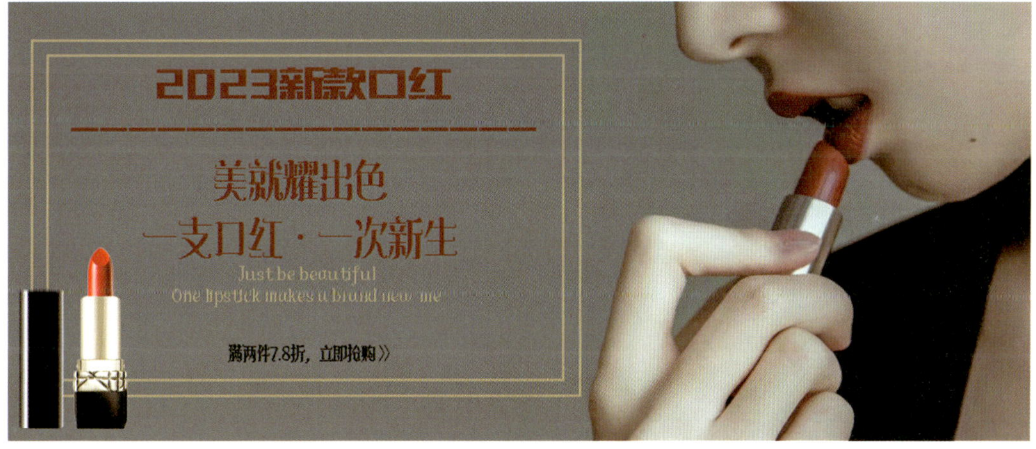

图4-43 特写突出重点

设计者要设计一张以“口红”为主题的宣传海报。第一张图为原始图片素材，画面中心是人的手部，想要重点展示的口红部分并不显眼。因此，设计者按照第二张图的裁切方式对原始图片进行了处理，并运用裁切后的图片设计出了第三张图所示的海报。第三张图用局部特写突出了口红和人物唇部，生动展现了口红的实际使用效果；这种特写不仅十分切合主题，还能增强版面感染力，吸引读者的视线。

知识链接

书刊版面的版心、天头、地脚、订口和切口

书刊版面的常见组成部分主要有版心、天头、地脚、订口和切口，如图4-44所示。版心是指书刊版面上除了周围空白部分以外的以文字和图片为主要内容的部分；天头是指书刊版面的上端空白部分；地脚是指书刊版面的下端空白部分；订口是指书刊版面上靠近书脊一侧的用于装订的空白部分；切口是指书刊版面上书页的左右两侧被裁切后留下的空白部分。

图4-44　书刊版面的版心、天头、地脚、订口和切口

四、图片的方向

版面中图片的方向能够起到引导阅读顺序、创造视觉焦点的重要作用。因此，图片的方向也是版式设计中需要认真考虑的重要元素之一。图片的方向主要可以通过人物眼神的方向、人物动作的方向和物体造型的方向等来暗示。设计者可以根据设计需求灵活调整，让版面更加生动、活泼。

（一）人物眼神的方向

俗话说，眼睛是心灵的窗户，图片中人物眼神的方向可以有效引导读者的视线。设计者可以利用这一点，在人物眼神的方向上安排重要的图文信息，让读者能够顺其自然地关注到版面的重点部分，同时也使版面充满趣味性和互动感，如图4-45所示。

图4-45 人物眼神的方向

（二）人物动作的方向

人物的肢体动作不仅能使版面富有动感，还具有一定的指向性。设计者可以充分利用人物动作的方向引导读者的视线，激发读者丰富的联想。在具体运用时，应将人物的动作与版面巧妙结合，建立图文信息的内在关联，如图4-46所示。

图4-46 人物动作的方向

（三）物体造型的方向

除了人物之外，图片中的物体造型也能表现出方向感。因此，在拍摄静态物体时，应该精心设计物体的摆放角度和拍摄角度，以赋予其方向感和动感。利用好这一点可以有效吸引读者的注意，使版面活泼、灵动，如图4-47所示。

图4-47 物体造型的方向

课堂互动

如何选择适合主题的图片

请同学们仔细观察图4-48（a）～图4-48（h），然后回答以下几个问题。

1. 如果想表现“茶道”主题，下面哪几张图更合适？为什么？
2. 如果想表现“茶叶”主题，下面哪几张图更合适？为什么？
3. 如果想表现“茶汤”主题，下面哪几张图更合适？为什么？

（a）

（b）

（c）

（d）

（e）（f）

（g）（h）

图4-48 茶主题图片

任务实施

剪贴画报是一种特殊的画作，创作它不需要画笔和颜料，只需要一把剪刀、一瓶胶水和各种废弃物品。请同学们充分发挥想象力，灵活运用设计技巧，创作一幅与众不同的剪贴画报。

1. 准备材料

仔细观察，搜集生活中可以用于制作剪贴画报的废弃物品，比如废弃的包装盒、书籍等，然后将上面可以用于设计的图片沿边缘剪下。

2. 创意构思

从形状、色调、大小和内容等方面观察、分析所得的图片，提出设计主题，并构思如何用现有的材料设计出符合主题的剪贴画报。

3. 设计剪贴画报

准备一张尺寸合适的白纸，然后根据设计主题和设计思路，结合材料特点和版式设计的法则，将所得的图片材料粘贴在白纸上，并为图片配上相应的文字。

4. 展示作品

在班级内展示作品，并讲解设计主题、方法、思路和过程等。

5. 交流与总结

听取教师的建议，积极与其他同学展开讨论，互相分享心得体会。拍摄作品照片并放入课程作品集，总结自己在设计过程中遇到的困难，同时记录教师和其他同学的评价和改进建议。

项目实训

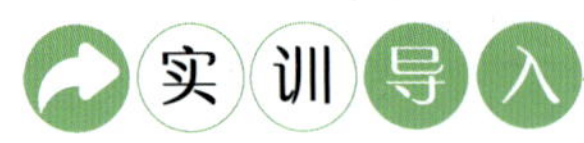

实训导入

校园生活应该是大部分人的人生旅程中最美好的一段时光，有学识渊博、和蔼可亲的老师们，有互帮互助、共同奋斗的同学们，更重要的是还有那个奋发图强、闪闪发光的自己。这些让校园生活的每一个时刻都值得纪念和珍藏。

那么如何保留这些珍贵的时刻呢？制作一本班级纪念册就是再好不过的选择了，这样就可以把校园的美景记录下来，把教室里的欢声笑语记录下来，把感动的瞬间记录下来，把与老师和同学们相处的点滴记录下来，让它们成为永不消逝的心灵宝藏，也让美好的校园生活永远留在每位同学的心间，如图4-49所示。

图4-49　班级纪念册

实训要求

请同学们运用所学知识，通过小组合作的方式，制作一本班级纪念册。

步骤提示

1 做好准备工作

准备好用于制作纪念册的、尺寸合适的空白册子，收集并整理老师和同学们拥有的和班级相关的照片素材，比如班级合照、班级参与活动的照片、老师和同学们的个人生活照等。

2 自由结组

同学们自由组队，8～10人一组，组内推选一名小组长，小组长根据任务内容合理分工。

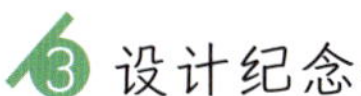

3 设计纪念册

（1）搜集和分析案例

广泛搜集优秀案例，结合所学知识分析其版式设计的优缺点，尤其是图片运用的优缺点，并从中获取灵感。

（2）构思组成部分

构思纪念册的组成部分和每个部分包含的内容。可供参考的组成部分有班级合照、班级成员介绍、欢乐时光留念、青春寄语等，其中班级合照的内容是班级的集体照，班级成员介绍的内容是老师和同学们的照片、个人简介等，欢乐时光留念的内容是班级参与活动的照片和日常生活的照片，青春寄语的内容是老师和同学们的感想和留言。

（3）明确设计思路

明确纪念册总体和各个部分的设计思路，力求形式新颖、内容丰富。

（4）设计作品

在确保符合设计主题和设计要求的基础上，运用版式设计的相关知识设计纪念册的封面和内页，可以运用Adobe Photoshop、Adobe Illustrator、Adobe Indesign等软件进行设计，也可以通过打印照片、拼贴照片、手绘和手写等方式进行设计。

4 展示与交流

各小组分别派一名代表展示本小组的作品，并做简单说明，然后收集和整理教师与其他同学的建议和评价，课后继续完善作品。

5 作品评选

由教师和同学们共同投票选出一份优秀作品，并以优秀作品为模板制作相应数量的班级纪念册，然后分发给教师和同学们。

项目评价

以小组为单位，各组成员结合任务实施和项目实训的情况对本项目的学习效果进行自评和互评，并请教师进行总体评价，完成后填写项目评价表，见表4-1。

表4-1　项目评价表

<table>
<tr><th rowspan="2">评价指标</th><th rowspan="2">评价标准</th><th rowspan="2">分值</th><th colspan="3">评价得分</th></tr>
<tr><th>自评</th><th>互评</th><th>师评</th></tr>
<tr><td rowspan="5">知识与技能评价（50%）</td><td>了解图片的特性、类型、风格以及选择图片的注意事项等基础知识</td><td>5</td><td></td><td></td><td></td></tr>
<tr><td>能够在版式设计中合理安排图片的大小、位置和方向等</td><td>10</td><td></td><td></td><td></td></tr>
<tr><td>掌握裁切图片的思路和方法</td><td>10</td><td></td><td></td><td></td></tr>
<tr><td>具备寻找和赏析优秀案例的能力</td><td>10</td><td></td><td></td><td></td></tr>
<tr><td>能够运用相关知识在版式设计中灵活运用图片</td><td>15</td><td></td><td></td><td></td></tr>
<tr><td rowspan="3">过程与方法评价（25%）</td><td>课前认真预习，搜集版式设计中图片运用的相关知识</td><td>5</td><td></td><td></td><td></td></tr>
<tr><td>能够积极参与课堂互动</td><td>10</td><td></td><td></td><td></td></tr>
<tr><td>能够高质量、高效率地完成各项任务，并不断反思、总结</td><td>10</td><td></td><td></td><td></td></tr>
<tr><td rowspan="3">核心素养评价（25%）</td><td>通过选择和运用图片素材独立完成设计实践任务，提升审美素养和设计能力</td><td>5</td><td></td><td></td><td></td></tr>
<tr><td>通过欣赏和运用与传统文化相关的图片素材，坚定文化自信</td><td>10</td><td></td><td></td><td></td></tr>
<tr><td>在与他人合作完成项目实训的过程中，培养协作能力和团队精神</td><td>10</td><td></td><td></td><td></td></tr>
<tr><td>总评</td><td>自评（20%）+互评（20%）+师评（60%）=</td><td colspan="4">教师（签名）：</td></tr>
</table>

项目五

5

版式设计中色彩的运用

- 任务一　缤纷色彩——了解色彩基础知识
- 任务二　得心应手——把握色彩搭配技巧

项目导读

色彩在日常生活中无处不在，时时刻刻丰富着我们的视觉感受；同样地，色彩在版式设计中也起着至关重要的作用。色彩能够直接影响版面的基调，它所具有的强烈的感染力也能够为版面增添活力，让版面充满表现力。

本项目包括两项任务，即“了解色彩基础知识”与“把握色彩搭配技巧”，主要涉及色彩的属性、色彩的象征意义、色彩的心理效应、色彩搭配的方法和色彩搭配的依据等知识。本项目内容充实，案例典型，能够帮助学生深入掌握色彩的基础知识和色彩在版式设计中的应用方法，同时通过任务实施和项目实训等实践活动引导学生学以致用，不断提升其设计能力和专业水平。

学习目标

【知识目标】

1. 了解色彩的属性、象征意义和心理效应等基础知识。
2. 掌握色彩对比、色彩调和等色彩搭配方法。
3. 掌握在版式设计中运用色彩的原则和技巧。

【技能目标】

1. 能够利用所学知识合理搭配色彩。
2. 能够根据设计主题和设计需求灵活运用色彩进行版式设计。
3. 能够赏析优秀案例，提升艺术鉴赏能力。

【素养目标】

1. 通过运用不同色彩进行设计实践，提升审美素养和设计能力。
2. 通过了解中国传统色彩的文化内涵，增强文化自信。
3. 在任务实施与项目实训的过程中，提升独立思考和与他人合作的能力。

任务一　缤纷色彩——了解色彩基础知识

任务导入

脸谱中的色彩

“蓝脸的窦尔敦盗御马，红脸的关公战长沙，黄脸的典韦，白脸的曹操，黑脸的张飞叫喳喳……”，这个耳熟能详的唱段一响起，我们就会想到中国传统京剧艺术中形象各异、魅力四射的各类角色，而唱段中的“蓝脸”“红脸”“黄脸”“白脸”“黑脸”指的就是京剧中的重要元素——脸谱。脸谱是中国传统文化中最经典、最具代表性的符号之一，具有极高的审美价值和深厚的文化内涵，深受广大观众的喜爱，如图5-1所示。

图5-1　京剧脸谱

脸谱色彩丰富，样式繁多，乍一看非常复杂，容易让人摸不着头脑，但其实每张脸谱都有其特定的含义。每张脸谱都有一个基本色调，即主色，主色象征了脸谱所代表的角色类型的性格特点，是京剧艺术的“表情符号”，如图5-2所示。一般来说，红脸代表忠勇耿直、富有血性的角色，如关羽；白脸代表阴险狡诈、善用心计的角色，如曹操；紫脸代表刚毅威武、沉着稳重的角色，如杨延昭；黄脸代表骁勇善战、性格刚烈的角色，如典韦；蓝脸代表刚直勇猛、桀骜不驯的角色，如窦尔敦。脸谱贯彻了中国传统美学中“重神似而不重形似”的理念，注重“变形”“传神”“寓意”，通过色彩和线条的巧妙结合，揭示了角色的年龄、性情、品格甚至命运走向，传递了强烈的情感偏好，具有“寓褒贬，别善恶”的艺术功能。

图5-2 脸谱的色彩

由此可见，色彩不仅可以丰富人们的视觉感受，还可以传达特定的思想和情感。只有充分了解色彩的属性、象征意义和心理效应，才能更好地认识色彩，并将其灵活应用于版式设计中。接下来，就让我们一起走进色彩的世界，学习色彩的基础知识吧。

一、色彩的属性

色彩三要素

色相、明度和纯度是色彩的三种基本属性，所有色彩都可以用这三种属性来表示，它们共同决定了色彩的面貌和性质。

（一）色相

色相是指色彩的相貌，它是色彩的首要特征，也是识别和区分不同色彩的主要依据。任何黑、白、灰以外的色彩都具有色相属性，其中红、橙、黄、绿、蓝、紫是基本色相。为了方便辨别和使用，色相通常通过不同名称来标识，如朱红、柠檬黄、天蓝等，如图5-3所示。

图5-3 不同的色相

在版式设计中，设计者可以根据设计元素的作用和定位为它们选择不同的色相，同时要保证色相之间的协调搭配，以使版面整体和谐有致。

知识链接

色相环

色相环是指以三原色为基础，按红、橙、黄、绿、蓝、紫的顺序排列的用于表示色彩的环状色彩模型。常见的色相环有12色色相环和24色色相环，如图5-4和图5-5所示。

图5-4　12色色相环

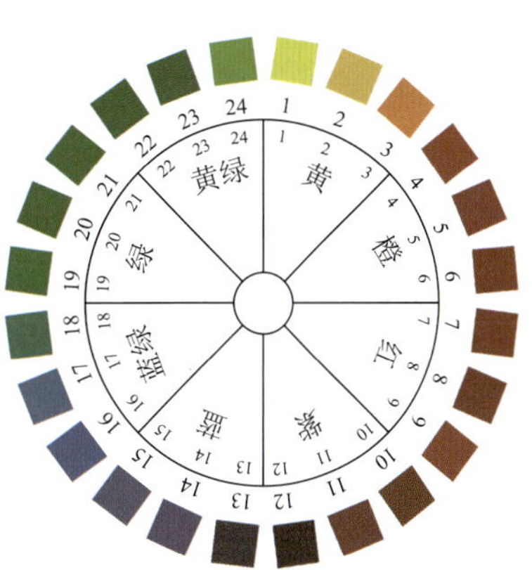

图5-5　24色色相环

（二）明度

明度是指色彩的明暗程度。明度具有一定的独立性，可以脱离色相和纯度单独存在，而色相和纯度则总是伴随着明度出现，因此，明度也被称为“色彩的骨架”。

在无彩色系中，黑色明度最低，白色明度最高，在黑、白两色之间将无彩色按照明度从低到高的顺序等阶划分，可以得到一个由深到浅、呈灰色渐变的明度变化序列，如图5-6所示。

图5-6　无彩色系的明度变化序列

在有彩色系中，色彩的明度变化主要分为两种情况。一种是同一色相的明度变化，如图5-7所示，这又可以细分为两种情况：一是对于同一色相，照射的光源越强，其明度就越高；二是对于同一色相，加入黑色会降低其明度，加入白色会提高其明度。另一种是不同色相的明度差异，例如，当纯度相同时，黄色的明度最高，紫色的明度最低，绿色、蓝色的明度居中，如图5-8所示。

图5-7　同一色相的明度变化

图5-8　不同色相的明度差异

不同明度的色彩所展现的版面效果也不同。一般来说，高明度的色彩会让版面显得轻快、活泼、富有朝气，中明度的色彩会让版面显得宁静、平和、高雅，低明度的色彩则会让版面显得沉稳、严肃、庄重。设计者可以根据设计主题和设计需求灵活调整版面中色彩的明度，让版面富有层次感。

（三）纯度

纯度是指色彩的纯净程度。纯度越高，色彩就越鲜艳、亮丽；反之，色彩就越暗淡、浑浊，如图5-9所示。

图5-9　不同色彩的纯度变化

无彩色系没有色相，因此也就没有纯度，可以认为其纯度为零。在有彩色系中，红、橙、黄、绿、蓝、紫等基本色相的纯度最高。另外，若在某一色彩中加入无彩色，可以降低其纯度。

一般来说，高纯度的色彩会让版面显得鲜明、张扬、热烈，低纯度的色彩会让版面显得低调、内敛、平静，所以高纯度的色彩常被用于凸显版面主题，而低纯度的色彩常被用于烘托主题、渲染气氛。

课堂互动

某年春节联欢晚会的创意节目《满庭芳·国色》从自然万物、天地四时中找寻中国传统色彩，并将其以符合现代人审美的编排方式呈现出来，令观众赞不绝口。请同学们欣赏节目片段，并说一说歌词中包含了哪些色彩。

二、色彩的象征意义

不同色彩给人的视觉感受不同，所具有的含义和传达的情感也不尽相同，设计者应准确把握不同色彩的象征意义，并将其灵活应用于版式设计中。接下来简单介绍一下红色、橙色、黄色、绿色、蓝色、紫色、黑色和白色几种色彩的象征意义。

（一）红色

红色常使人联想到太阳、火焰等事物，会让人感到激动、兴奋，不过红色在特定场合也代表愤怒、危险等，具有一定的警示作用，如图5-10所示。在版式设计中，红色具有较强的感染力和吸引力，既可以作为主色主导整个版面，也可以作为点缀色起到引人注目的效果，如图5-11所示。

图5-10　生活中的红色

图5-11　红色在版式设计中的应用

当红色的明度和纯度改变时，它所具有的含义和传达的情感也会发生变化。例如，粉红色会给人一种温柔、浪漫、甜蜜的感觉，具有安抚情绪的效果，如图5-12所示；深红色则会给人一种沉稳、严肃、端庄的感觉，如图5-13所示。

图5-12　粉红色在版式设计中的应用

图5-13　深红色在版式设计中的应用

（二）橙色

橙色常使人联想到果实、秋天、丰收等，会让人感到甜蜜、亲切、喜悦，如图5-14所示。在版式设计中，橙色可以让版面充满动感与活力，如图5-15所示。

图5-14　生活中的橙色

图5-15 橙色在版式设计中的应用

当橙色的明度和纯度改变时，它所具有的含义和传达的情感也会有所不同。例如，浅橙色会给人一种温暖、精致、细腻的感觉，如图5-16所示；深橙色则会给人一种沉静、优雅、复古的感觉，如图5-17所示。

图5-16 浅橙色在版式设计中的应用

图5-17 深橙色在版式设计中的应用

（三）黄色

黄色是有彩色系中最明亮的色彩，一般会给人一种积极、活泼、乐观的感觉，如图5-18所示。在版式设计中，黄色可以让版面明朗、轻快、充满表现力，如图5-19所示。

图5-18 生活中的黄色

图5-19 黄色在版式设计中的应用

当黄色的明度和纯度改变时，它所具有的含义和传达的情感也会有所改变。例如，金黄色会给人一种高贵、辉煌的感觉，如图5-20所示；浅黄色会给人一种柔和、香甜的感觉，如图5-21所示；土黄色则会给人一种踏实、稳重、质朴的感觉，如图5-22所示。

图5-20 金黄色在版式设计中的应用

图5-21 浅黄色在版式设计中的应用

图5-22 土黄色在版式设计中的应用

（四）绿色

绿色是大自然中最常见的色彩，象征着生命、春天、希望、和平，能给人一种平静、安宁的感觉，有镇静、缓解疲劳的作用，如图5-23所示。在版式设计中，绿色的使用范围较广，可以为版面注入生机，常被用于环保、农林、旅游等主题的设计中，如图5-24所示。

图5-23 生活中的绿色

图5-24 绿色在版式设计中的应用

当绿色的明度和纯度改变时，它所具有的含义和传达的情感也会有差异。例如，浅绿色会给人一种活泼、清爽、舒畅的感觉，如图5-25所示；深绿色会给人一种保守、沉稳的感觉，如图5-26所示。

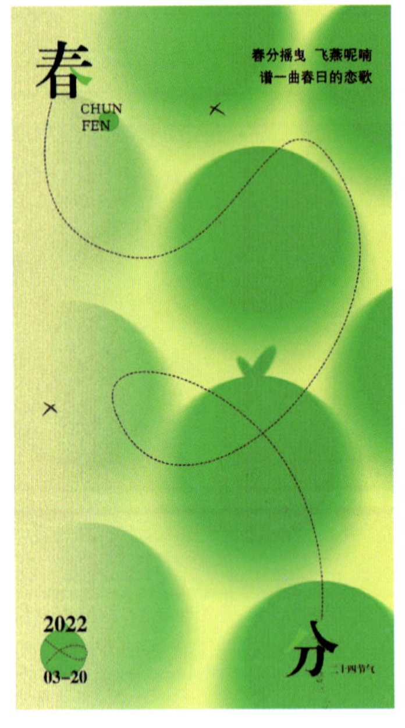

图5-25 浅绿色在版式设计中的应用

图5-26 深绿色在版式设计中的应用

（五）蓝色

蓝色常使人联想到广阔的天空、浩瀚的海洋、深邃的宇宙等事物，象征着智慧和永恒，会给人一种清新、静谧、壮阔的感觉，如图5-27所示。在版式设计中，蓝色除了可以表示天空、海洋外，还常被用于塑造科技感和未来感，如图5-28所示。

图5-27 生活中的蓝色

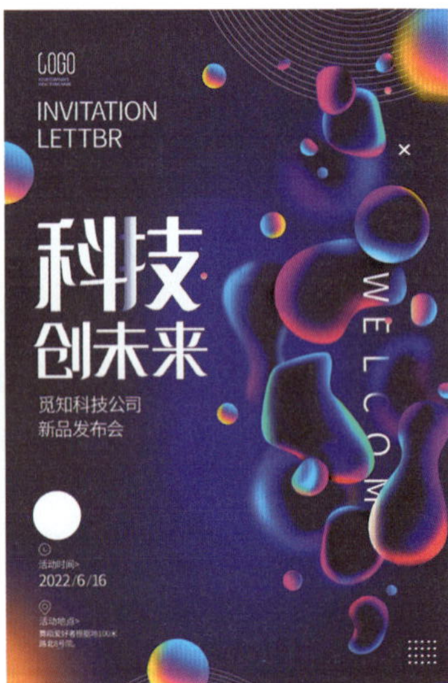

图5-28 蓝色在版式设计中的应用

当蓝色的明度和纯度改变时，它所具有的含义和传达的情感也会随之改变。例如，浅蓝色会给人一种宁静、纯净、淡雅的感觉，如图5-29所示；深蓝色则会给人一种可靠、理性、严谨的感觉，所以常被用于商务、金融、医疗等主题的设计中，如图5-30所示。

图5-29 浅蓝色在版式设计中的应用

图5-30 深蓝色在版式设计中的应用

（六）紫色

紫色具有优雅、高贵、神秘的气质，但在特定情况下也会给人带来忧郁、孤寂、不安等消极感受，如图5-31所示。在版式设计中，灵活运用紫色可以让版面精致、高级、充满美感，如图5-32所示。

图5-31 生活中的紫色

图5-32 紫色在版式设计中的应用

当明度和纯度改变时，紫色所具有的含义和传达的情感也会有所不同。例如，浅紫色会有一种优美、柔和、梦幻的情调，如图5-33所示；深紫色则会给人一种成熟、深邃的感觉，如图5-34所示。

图5-33　浅紫色在版式设计中的应用

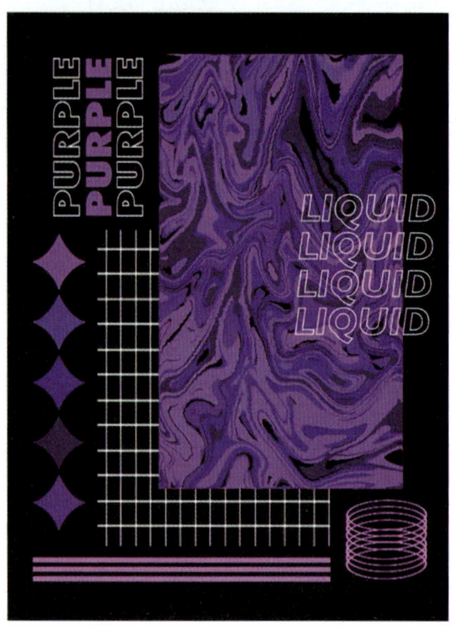

图5-34　深紫色在版式设计中的应用

（七）黑色

黑色常使人联想到黑暗、夜幕、死亡等不太好的事物，会给人一种阴郁、恐怖的感觉，但在特定情况下也可以表示力量、严肃、刚正等含义，如图5-35所示。在版式设计中，黑色具有良好的衬托作用，常作为底色与其他色彩搭配，可以增强版面的高级感和稳重感，如图5-36所示。

图5-35　生活中的黑色

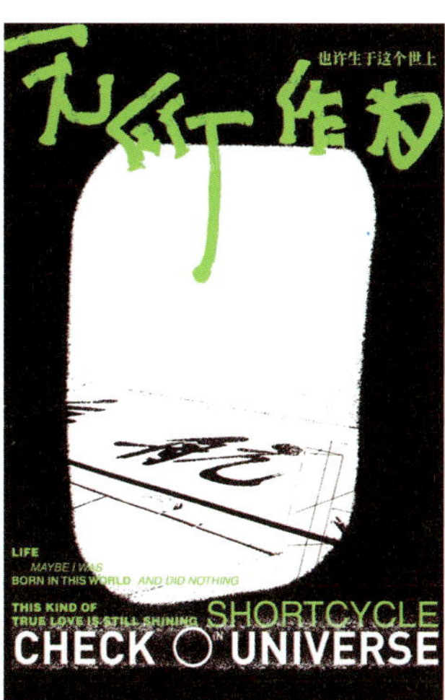

图5-36　黑色在版式设计中的应用

（八）白色

白色会使人联想到白雪，具有一尘不染的特质，象征着光明、纯洁、神圣、朴素，如图5-37所示。在版式设计中，和黑色一样，白色也常被用作底色来衬托其他色彩；此外，白色通常给人一种干净、纯粹的感觉，因此常被用于卫生、清洁等主题的设计中，如图5-38所示。

图5-37　生活中的白色

图5-38　白色在版式设计中的应用

课堂互动

请同学们列举中国古代诗词中包含色彩的诗句，并尝试解释诗句中色彩的意义和内涵。

三、色彩的心理效应

色彩不仅具有丰富的象征意义，还能引发人们不同的心理感受。不同的色彩可以使人产生冷暖、胀缩、远近、软硬和轻重等不同感觉。实际上，色彩本身并没有温度、距离、硬度和重量等性质，是人们的经验和联想赋予了它们各种各样的感觉。在版式设计中，设计者要合理运用色彩的心理效应，以丰富版面层次，使版面自然、生动。

（一）冷暖的感觉

不同色彩会给人带来不同的冷暖感，这是由色光的物理属性、人的视觉经验和心理联想共同影响而造成的一种现象。一般来说，色彩可以分为暖色和冷色两种。

暖色是指令人感到温暖的色彩，比如红色、橙色和黄色等。这种色彩常常会让人联想到太阳、火焰、熔岩等事物，而暖色调的版面也会给人一种热烈、和煦的感觉，如图5-39所示。冷色是指令人感到寒冷的色彩，比如蓝色、绿色和紫色等。这种色彩常常会让人联想到海洋、深夜、冰雪等事物，而冷色调的版面也会给人一种凉爽、冷冽的感觉，如图5-40所示。

图5-39　暖色在版式设计中的应用

图5-40　冷色在版式设计中的应用

在版式设计中，单纯的冷色系或暖色系搭配可以给读者带来非常明确的冷暖感，也可以强化版面主题。不过，在版面中合理搭配冷色和暖色，可以使冷和暖的感觉都更加突出，形成鲜明的对比效果，从而增强版面的表现力，如图5-41所示。

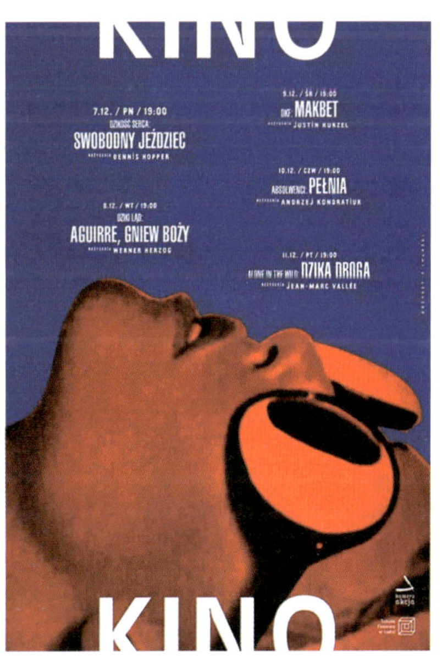

图5-41　色彩的冷暖对比在版式设计中的应用

（二）胀缩的感觉

明度是影响色彩的膨胀感或收缩感的主要因素。一般来说，明度高的色彩会有膨胀感，如图5-42所示，明度低的色彩会有收缩感，如图5-43所示；在明度相同的情况下，暖色更有膨胀感，冷色更有收缩感。

图5-42　膨胀的色彩

图5-43　收缩的色彩

在版式设计中，设计者可以借助不同色彩带来的膨胀感或收缩感，灵活调整元素之间的大小关系，以呈现强烈的对比效果，使版面富有层次感，如图5-44所示。

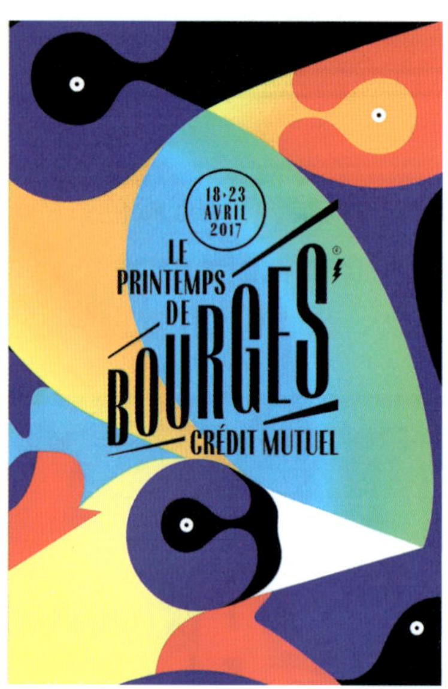

图5-44　色彩的膨胀和收缩对比在版式设计中的应用

（三）远近的感觉

不同色彩给人的远近感也不同。一般来说，高明度、高纯度的色彩看起来更近，如图5-45所示；低明度、低纯度的色彩看起来更远，如图5-46所示。

图5-45　看起来近的色彩

图5-46　看起来远的色彩

色彩的远近感是相对而言的，在不同的对比关系中会产生不同的效果。在版式设计中，巧妙运用色彩的远近感可以使版面富有纵深感和立体感，从而增强版面的表现力，如图5-47所示。

图5-47　色彩的远近对比在版式设计中的应用

（四）软硬的感觉

色彩的软硬感主要与明度和纯度有关。一般来说，色彩的明度越高、纯度越低，给人的感觉就越柔软，这是因为高明度、低纯度的色彩容易使人联想到羽毛、奶油等事物，如图5-48所示；而色彩的明度越低、纯度越高，给人的感觉就越坚硬，这是因为低明度、高纯度的色彩容易使人联想到钢铁、岩石等事物，如图5-49所示。

图5-48　柔软的色彩

图5-49　坚硬的色彩

在版式设计中，设计者可以灵活运用色彩的软硬感来实现设计主题所需的视觉效果，让版面生动、自然，如图5-50和图5-51所示。

图5-50　柔软的色彩在版式设计中的应用

图5-51　坚硬的色彩在版式设计中的应用

（五）轻重的感觉

色彩的轻重感主要与明度有关。高明度的色彩会令人感到轻盈，如图5-52所示；低明度的色彩则会令人感到沉重，如图5-53所示。当明度相同时，纯度高的色彩给人的感觉更轻，纯度低的色彩给人的感觉更重。

图5-52　轻盈的色彩

图5-53　沉重的色彩

在版式设计中，设计者可以利用色彩的轻重感营造不同的版面氛围，从而使读者产生不同的心理感受，如图5-54和图5-55所示。不过，具体运用时要注意使色彩的轻重感符合设计主题。

图5-54　轻盈的色彩在版式设计中的应用

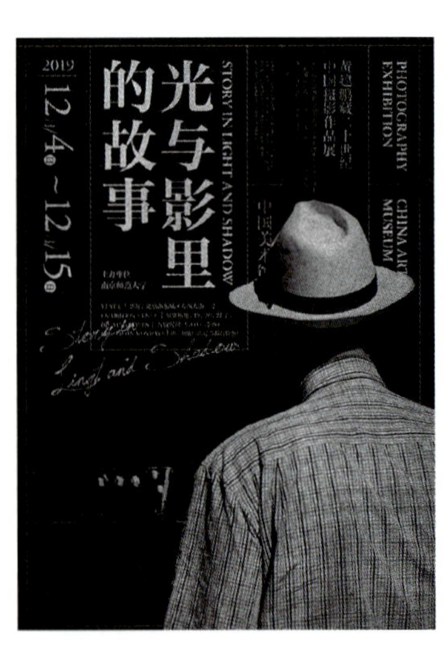

图5-55　沉重的色彩在版式设计中的应用

任务实施

翠绿的草地、金黄的落叶、浅蓝的天空、火红的太阳，我们的生活中处处都充满着色彩，这些缤纷的色彩共同组成了我们眼中的美好世界。请同学们寻找生活中的色彩并用照片记录下来，然后运用所学知识对照片中的色彩进行分析。

1. 理论学习

请同学们结合所学知识，搜集相关资料，深入了解色彩。

2. 确定主题

根据所学知识，确定拍摄主题，并寻找合适的拍摄场景。

3. 拍摄照片

根据主题确定拍摄主体、拍摄方法、构图形式等，然后拍摄照片，保证照片中的色彩美观、和谐、主次分明。

4. 分析照片

从色彩的属性、象征意义和心理效应等方面入手分析照片，并做记录。

5. 分享交流

在课堂上展示所拍摄的照片，分享分析过程和结果，并与教师和其他同学积极交流。

任务二　得心应手——把握色彩搭配技巧

任务导入

艺术瑰宝唐三彩中的色彩搭配

唐三彩是盛行于唐代的一种彩陶工艺品，其釉色有黄、绿、白、褐、蓝、黑等，但以黄、绿、白三色为主，故被称为“唐三彩”。唐三彩题材丰富、造型生动、色泽鲜艳、制作工艺精良，充分展现了唐代社会生活的方方面面，折射出恢宏繁荣的大唐气象，具有极高的文化价值和艺术价值，如图5-56和图5-57所示。

图5-56　三彩双龙耳瓶

图5-57　三彩载乐骆驼俑

唐三彩用色大胆艳丽，多种釉色交相辉映，共同构成了陶器上绚丽多彩的花纹，让原本单调的陶器尽显雍容华贵。由此可见，唐代的工匠就已经具备比较成熟的色彩搭配意识和审美观念，并且能够运用色彩规律进行艺术创作了。接下来，我们将在前人的基础上更加系统地了解色彩，掌握色彩搭配的技巧，并将其灵活运用于版式设计的实践当中。

一、色彩搭配的方法

常用的色彩搭配方法主要有色彩对比和色彩调和两种。这两种方法都是创造色彩美感的重要手段，两者既是相互对立的矛盾体，也是相辅相成的统一体。色彩对比可以增强色彩的差异性、多样性，使搭配效果更加丰富，给人以强烈的视觉冲击力；色彩调和则可以增强色彩的秩序性、统一性，使搭配效果更加协调，给人以舒适的视觉感受。

（一）色彩对比

色彩对比是指利用不同色彩之间的差异形成对比效果的色彩搭配方法。恰当的色彩对比不仅可以使原本的色彩更加鲜明、耀眼，还可以吸引读者的注意，增强版面的活力和表现力。色彩对比主要有色相对比、明度对比、纯度对比三种。

1. 色相对比

色相对比是指因色相差异而形成的对比。色相对比的强弱，是由不同色相在色相环上的距离远近所决定的。按照对比程度由弱到强的顺序排列，色相对比可以分为同类色相对比、近似色相对比、邻近色相对比、中差色相对比、对比色相对比和互补色相对比六种形式，如图5-58～图5-63所示，不同形式的色相对比会使画面产生不同的视觉效果，见表5-1。

图5-58　同类色相对比

图5-59　近似色相对比

图5-60　邻近色相对比

图5-61　中差色相对比

图5-62　对比色相对比

图5-63　互补色相对比

表5-1　色相对比的不同形式及其视觉效果

对比程度	对比形式	视觉效果
弱对比	同类色相对比	含蓄、朴素
	近似色相对比	柔和、优雅
	邻近色相对比	和谐、雅致
中对比	中差色相对比	活泼、明快
强对比	对比色相对比	鲜明、强烈
	互补色相对比	跳跃、刺激

在版式设计中，设计者要根据设计主题恰当使用不同形式的色相对比，以使版面生动、饱满、具有视觉冲击力，如图5-64所示。

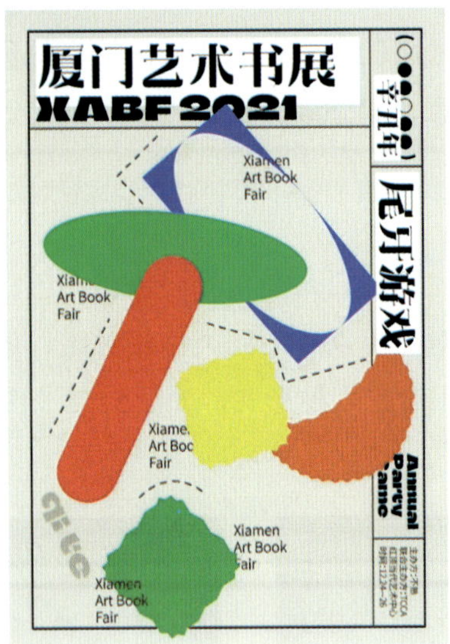

图5-64　色相对比在版式设计中的应用

课堂互动

请同学们仔细思考，色相对比是否包含无彩色，并说明理由。

2. 明度对比

明度对比是指将不同明度的色彩并置而产生的对比，它是拉开色彩层次、提高色彩亮度、增加色彩稳定性的主要方式，如图5-65所示。

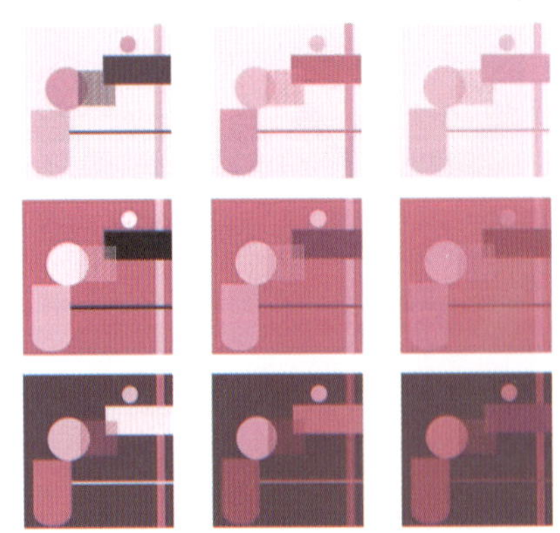

图5-65　明度对比

明度对比分为有彩色明度对比和无彩色明度对比。有彩色明度对比有两种情况：一种是同一色相不同明度之间的对比，如图5-66所示；另一种是不同色相之间的明度对比，如图5-67所示。无彩色明度对比是指由黑、白、灰等无彩色的明度变化而形成的对比，如图5-68所示。在版式设计中合理运用明度对比，能使版面丰富，富有层次感。

图5-66 同一色相不同明度对比

图5-67 不同色相明度对比

图5-68 无彩色明度对比

3. 纯度对比

因纯度差异而产生的对比称为纯度对比，如图5-69所示。纯度对比既可以是同一色相不同纯度之间的对比，也可以是不同色相之间的纯度对比。

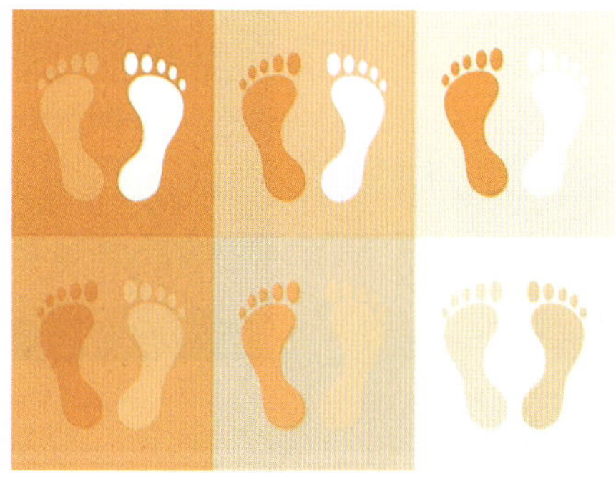

图5-69 纯度对比

纯度对比的程度不像色相对比和明度对比那样强烈，但它能够直接影响版面的整体效果。高纯度色彩可以吸引读者的注意，让人感到兴奋，但过度使用会让画面繁杂、刺眼，造成视觉或精神上的疲劳；低纯度色彩常常给人一种沉稳、从容之感，但单一的低纯度色彩也会让人产生单调、乏味、压抑的感觉。因此，在版式设计中，要将高纯度色彩和低纯度色彩灵活搭配，让版面在充满视觉冲击力的同时，又有自然、和谐的视觉效果，如图5-70所示。

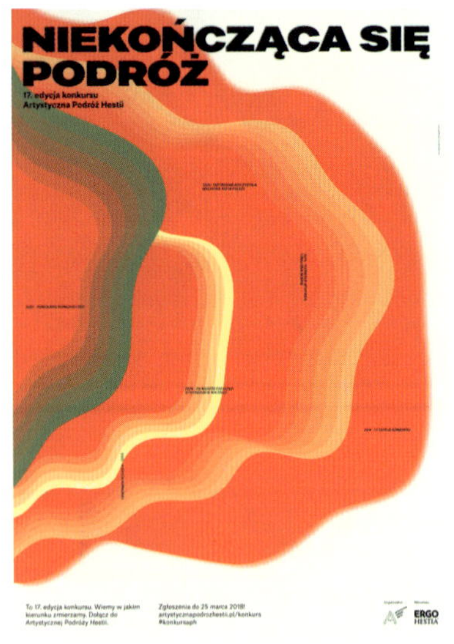

图5-70　纯度对比在版式设计中的应用

知识链接

面积对比

面积对比是指由色彩在画面中所占面积的差异而引起的对比，如图5-71所示。当画面中不同色彩的面积相当时，对比效果最为强烈；当其中任意一种色彩的面积增大或减小时，对比效果都会减弱。因此，在色彩搭配过程中，要合理安排各种色彩在画面中所占的面积，从而使画面和谐有序。

图5-71　面积对比

（二）色彩调和

色彩调和是指将多种色彩协调有序地组合在一起的色彩搭配方法。色彩调和可以减少色彩之间的差异感和矛盾感，让版面既能个性鲜明，又能和谐统一。色彩调和主要有同一调和、类似调和、隔离调和、面积调和四种。

1．同一调和

当两种或多种色彩在色相、明度、纯度三种属性上有一种属性完全相同时，可以通过变换另外两种属性来使画面协调，这种色彩调和方法称为同一调和。同一调和可以分为同色相调和、同明度调和、同纯度调和和无彩色调和四种，如图5-72～图5-75所示。

图5-72 同色相调和

图5-73 同明度调和

图5-74 同纯度调和

图5-75 无彩色调和

在版式设计中，当组合的色彩之间差异太大而导致版面不协调时，可以通过同一调和增加不同色彩之间的共性，减弱不统一的因素，进而增强版面的和谐感，如图5-76所示。

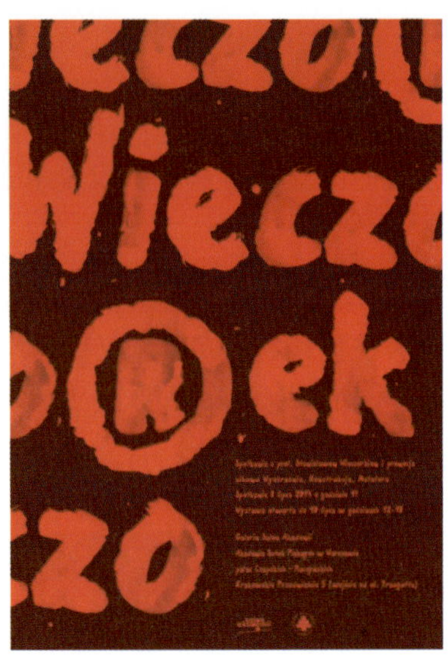

图5-76　同一调和在版式设计中的应用

2. 类似调和

当多种色彩在色相、明度、纯度三种属性上有某一种或两种属性相似时，可以在此基础上进行色彩组合，以增强画面的和谐感，这种色彩调和方法称为类似调和，如图5-77所示。在版式设计中，合理运用类似调和可以有效打造协调、平稳的版面效果，如图5-78所示。

图5-77　类似调和

图5-78　类似调和在版式设计中的应用

3. 隔离调和

隔离调和是指用第三种色彩隔开两种色彩的色彩调和方法。例如，用第三色隔离对比强烈的两色，能缓解对比过分强烈带来的刺激感，使色彩关系更加和谐；用第三色隔离对比微弱的两色，能消解色彩过于类似带来的混沌感，使色彩关系更加明朗。用来隔离的色彩通常是黑、白、灰等无彩色或金色、银色，且通常以线型出现，隔离线越粗，产生的调和感就越强，如图5-79所示。在版式设计中，可以通过隔离调和使原本繁杂纷乱的色彩协调有序，打造和谐、富有表现力的版面效果，如图5-80所示。

图5-79　隔离调和

图5-80　隔离调和在版式设计中的应用

4. 面积调和

面积调和是指通过调整色彩面积的大小来改变色彩关系的色彩调和方法，如图5-81所示。在版式设计中，高明度、高纯度的色彩所占的面积应该小，低明度、低纯度的色彩所占的面积应该大，这样才能使版面协调、平衡，如图5-82所示。

图5-81　面积调和

图5-82　面积调和在版式设计中的应用

课堂互动

请同学们讨论一下，哪些色彩适合作为版面的主色。

《千里江山图》中色彩的对比与调和

二、色彩搭配的依据

色彩的变化难以捉摸，色彩搭配的方法也丰富多样，选择合适的色彩搭配看似复杂，但其实是有据可依的。在版式设计中，设计者可以依据设计主题、产品属性、目标群体等方面进行色彩搭配。

（一）依据设计主题进行色彩搭配

设计主题是设计作品的灵魂所在，色彩搭配应始终围绕设计主题来进行。恰当的色彩搭配能够强化设计主题，将重要信息第一时间传达给读者。因此，设计者要充分理解设计主题，寻找与主题契合的色彩关系并将其恰当运用于版式设计中，以使版面主题鲜明，和谐有致，如图5-83所示。

在这张图中，设计者主要使用了绿色。绿色所蕴含的活力和生机让整个版面显得清新、活泼，而绿色的象征意义也非常符合版面“绿色出行，低碳生活”的设计主题。

在这张图中，设计者主要使用了浅黄色、土黄色、浅棕色等纯度和明度较低的色彩，这些色彩能够给读者一种憨厚可人的感觉，也和版面的可爱风格十分匹配。

图5-83 依据设计主题进行色彩搭配

（二）依据产品属性进行色彩搭配

大部分设计作品最终还是要落实到对产品的宣传上，因此，设计者应该正确把握不同色彩的象征意义和心理效应，并将其与产品的属性准确匹配，通过合理的色彩搭配展现产品的特点和魅力，激发读者对产品的兴趣，如图5-84所示。

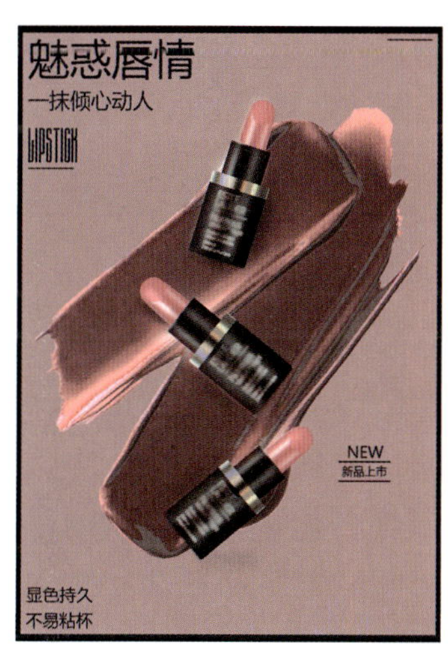

在这张图中，设计者使用了口红的色彩作为版面主色，这样既能展现产品的固有属性，又能让版面充满魅惑、成熟的感觉。

在这张图中，设计者使用了茶叶的绿色作为版面主色。清新的绿色让人联想到茶叶清爽的口感，增强了产品的吸引力。

图5-84 依据产品属性进行色彩搭配

（三）依据目标群体进行色彩搭配

色彩作为版面中最先被感知的设计元素，对读者的行为有很大影响；而读者的年龄、性别和职业不同，其喜好和关注点也会有所不同。因此，设计者应该根据目标群体的特征和喜好有针对性地进行色彩搭配，从而有效抓住目标群体的眼球，如图5-85所示。

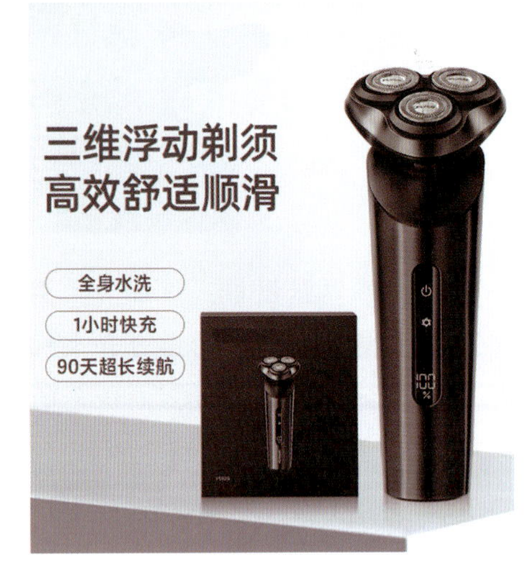

这张图的目标群体为儿童，设计者使用了纯度较高的黄、蓝、绿等色彩，形成了强烈的对比，让版面给人一种活泼、明快的视觉感受，从而精准吸引目标群体的注意。	这张图的目标群体为女性，设计者主要使用了粉色作为版面主色。粉色会给人一种温柔、淡雅、亲切的感觉，增强了版面的亲和力，从而快速抓住女性群体的眼球。	这张图的目标群体为男性，设计者主要使用了灰色作为版面主色，以此打造出一种沉静、坚实的版面效果，也准确体现了男性群体更为青睐的沉稳、朴素的风格。

图5-85　依据目标群体进行色彩搭配

任务实施

得益于新媒体技术的快速发展，如今我们传递和接收消息都十分便捷，即使与亲友远隔千里，只要动动手指就能与他们毫无障碍地进行交流。不过，这也使得邮寄书信、明信片等“效率低下”的传统沟通方式渐渐淡出了人们的视野，但是那种手写文字的真实感、“见字如面”的亲切感、亲手收到书信和明信片的惊喜感是现代通信方式无法给予的。请同学们运用所学知识设计一张明信片，并将它寄给重要的人。

1. 确定主题

选择一位想要寄送明信片的对象，并以此确定设计主题。

2. 确定尺寸

明信片的尺寸一般有165 mm×102 mm、148 mm×100 mm、25 mm×78 mm三种，同学们可以根据设计需求选择合适的尺寸。需要注意的是，为了便于裁切，一般会在画面四周预留3 mm的空白，以148 mm×100 mm的尺寸为例，其实际制作尺寸应为154 mm×106 mm。

3. 设计明信片

根据尺寸和设计主题，结合版式设计的知识，运用Adobe Photoshop、Adobe Illustrator等软件设计明信片正面和背面。明信片正面可以自由发挥进行创意设计，明信片背面要包含收件人邮政编码填写处、寄件人邮政编码填写处、收件人地址和姓名填写处、寄件人地址和姓名填写处、邮票粘贴处几个部分，具体形式可参考市面上已成型的明信片。

4. 打印明信片

搜集资料，了解明信片所用纸张的种类及其特点，选择合适的纸张并打印明信片。

5. 寄送明信片

在明信片背面写上想要传递的话语，并正确填写邮政编码、地址等信息，然后粘贴好邮票，将其寄出给指定对象。

项目实训

实训导入

二十四节气是我国古代制定的一种用来反映季节变化、指导农事活动的补充历法，它们分别是立春、雨水、惊蛰、春分、清明、谷雨、立夏、小满、芒种、夏至、小暑、大暑、立秋、处暑、白露、秋分、寒露、霜降、立冬、小雪、大雪、冬至、小寒、大寒。一直以来，二十四节气都是设计师们的灵感来源，也由此诞生了很多精美的、以“二十四节气”为主题的系列设计作品，如图5-86所示。

图5-86 以“二十四节气”为主题的系列设计作品

清明去踏春、小满插水稻、霜降吃柿子、冬至煮饺子，这些我们耳熟能详的生活规律和风俗都与二十四节气息息相关，但二十四节气的真正意义和内涵却在被逐渐淡忘。二十四节气既是中国古代劳动人民经验的积累和智慧的结晶，也是中国传统文化的重要载体之一，具有极强的实用价值和文化价值，值得我们深入了解，用心传承。

实训要求

请同学们运用所学知识，通过小组合作的方式，为二十四节气设计宣传海报，要求每个节气的宣传海报的主色都不同。

步骤提示

1 自由结组

同学们自由组队，10～12人一组，组内推选一名小组长，小组长根据任务内容合理分工。

2 搜集资料

搜集相关资料，深入了解二十四节气的起源、发展、特点、风俗等知识。

3 设计宣传海报

（1）搜集和分析案例

广泛搜集优秀案例，结合所学知识分析其版式设计、色彩运用等的特点和优缺点，并从中获取灵感。

（2）确定每个节气海报的主色

参考搜集到的资料和优秀案例，结合小组成员的理解，为每个节气的宣传海报确定一种主色。

（3）构思设计思路

根据选定的主色，构思每个节气的宣传海报的设计思路。

（4）设计作品

在确保符合设计主题和设计要求的基础上，结合版式设计的相关知识，运用Adobe Photoshop、Adobe Illustrator等软件设计宣传海报。

4 展示与交流

各小组分别派一名代表展示本小组的作品，并说明设计方法、设计思路和设计过程等，然后收集和整理教师与其他同学的建议和评价，课后继续完善作品。

5 作品评选

由教师和同学们共同投票选出优秀作品和优秀小组，并予以嘉奖。

项目评价

以小组为单位，各组成员结合任务实施和项目实训的情况对本项目的学习效果进行自评和互评，并请教师进行总体评价，完成后填写项目评价表，见表5-2。

表5-2　项目评价表

评价指标	评价标准	分值	评价得分		
			自评	互评	师评
知识与技能评价（50%）	了解色彩的属性、象征意义、心理效应等基础知识	10			
	熟练掌握色彩对比、色彩调和等色彩搭配方法	10			
	能够分析优秀作品的色彩搭配方法	15			
	能够根据设计主题和设计需求，灵活运用色彩搭配技巧进行版式设计	15			
过程与方法评价（25%）	课前认真预习，搜集色彩的相关知识	5			
	在学习过程中，主动参与，乐于探究	10			
	积极完成任务实施和项目实训，并不断反思、总结	10			
核心素养评价（25%）	通过运用不同色彩进行设计实践，提升审美素养和设计能力	5			
	通过了解中国传统色彩的文化内涵，增强文化自信	10			
	在任务实施和项目实训的过程中，提升独立思考和与他人合作的能力	10			
总评	自评（20%）+互评（20%）+师评（60%）=	教师（签名）：			

项目六

6

版式设计中网格的运用

- 任务一　有“骨”有“肉”——认识网格
- 任务二　井井有条——绘制网格

项目导读

网格是版式设计中常用的一种设计工具，不仅可以使设计过程规范、便捷，还可以使版面中的各个设计元素协调有致，增强版面的秩序性和整体性。因此，学会正确运用网格是学习版式设计必不可少的一个环节。

本项目包括两项任务，即“认识网格”与“绘制网格”，主要涉及网格的定义、网格的类型、网格的作用和网格的绘制流程等知识。本项目通过充满趣味性的课外知识导入所学内容，促使学生主动了解版式设计中的网格并形成初步认识；然后通过任务实施和项目实训指导学生运用所学知识完成实践活动，以此加深学生对相关知识的理解，帮助他们深入掌握运用网格的方法。

学习目标

【知识目标】

1. 了解网格的定义、类型和作用等基础知识。
2. 熟悉网格的绘制流程。

【技能目标】

1. 能够合理运用不同类型的网格。
2. 能够正确绘制网格。
3. 提高搜集资料、解决问题的能力，能够高质、高效地完成各项任务。

【素养目标】

1. 通过体会网格的秩序美，提升审美能力。
2. 通过绘制和运用不同类型的网格，培养设计思维，提升设计能力。
3. 在完成实践活动的过程中，积极和他人分享、交流，认真倾听他人建议。

任务一 有“骨”有“肉”——认识网格

任务导入

黄金分割的魅力

黄金分割是指将事物分为两个部分，使较小的部分与较大的部分之比和较大的部分与整体之比都约为0.618的分割方法，其中0.618就是我们所熟知的“黄金比例”，也是公认的最具美感的比例，如图6-1所示。

b/a=a/(a+b)≈0.618

图6-1 黄金分割的原理

看似简单的黄金分割其实蕴含着丰富的美学价值，它所具有的规则性、严谨性、和谐性让它在美术、建筑等艺术领域大放异彩。例如，世界名画《蒙娜丽莎》、雅典帕提侬神庙和法国埃菲尔铁塔等作品都运用了黄金分割的原理，如图6-2所示。除此之外，自然界中也存在着很多巧妙的黄金分割现象，比如树叶的纹路、贝壳的螺纹等，这也为黄金分割蒙上了一层神秘的色彩。

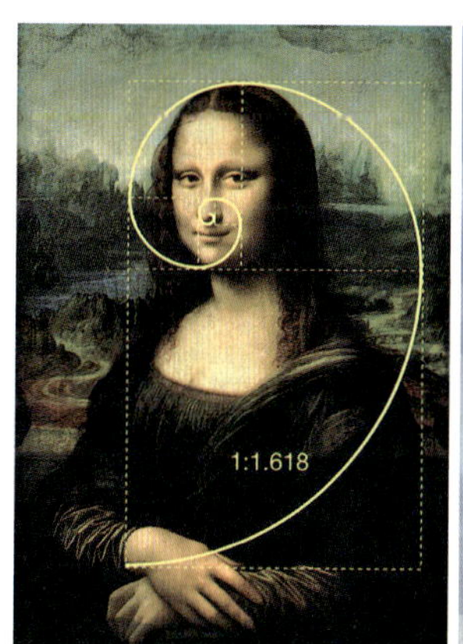

图6-2 艺术领域的黄金分割

黄金分割的魅力主要来源于极致的协调有序，版式设计也是如此，规范、和谐的版面能为读者带来良好的视觉体验。不过，要想达到这种效果，只靠直觉是不够的，还需要借助一些设计工具。接下来，就让我们一起学习版式设计中网格的相关知识，并学会合理运用网格创造和谐、美观的版面吧。

一、什么是网格

网格的核心思想是运用数学中的比例关系，通过严格的计算，把版面的版心分割为若干个规则的单元格，并以此为基础规范、组织版面[①]，如图6-3所示。如果说文字、图片和色彩等元素是版面的“血肉”，那么网格就是版面的“骨骼”。网格可以约束版面，让版面中的各个元素有序排列，从而使版面端正、整齐，条理清晰，主次分明；同时还能够帮助设计者厘清思绪，构思设计方案，从而高质、高效地完成设计任务。需要注意的是，网格只是一种用于辅助排版的设计工具，一般不会直接体现在最终的作品当中。

图6-3　版式设计中的网格

二、网格的类型

版式设计中常用的网格主要有对称式网格、非对称式网格、成角网格和基线网格四种。每种网格都有其独特的优点和作用，设计者应根据版面的内容和风格选择合适的网格类型，以使版面和谐统一。

（一）对称式网格

对称式网格常用于包含左右两个页面的对页版面中，是一种让左右两个页面的版面结构完全对称，页边距和单元格数量也完全相同的网格。对称式网格可以使版面稳定、平衡、有秩序，但使用不当也会导致版面枯燥、乏味。对称式网格形式多样，可以分为单栏对称式网格、双栏对称式网格、三栏对称式网格、多栏对称式网格和单元格对称式网格五种。

1. 单栏对称式网格

单栏对称式网格是指将左右两个页面按照相同的比例和位置分别排成一栏的网格，如图6-4所示。这种网格能使版面简单大方、一目了然，比较适用于文字量较多且页边距较大的版面，如图6-5所示。

① 潘建羽. 版式设计从入门到精通：基础理论+图文编排+网格运用+色彩搭配+商业实训［M］. 北京：人民邮电出版社，2021.

图6-4 单栏对称式网格示意图

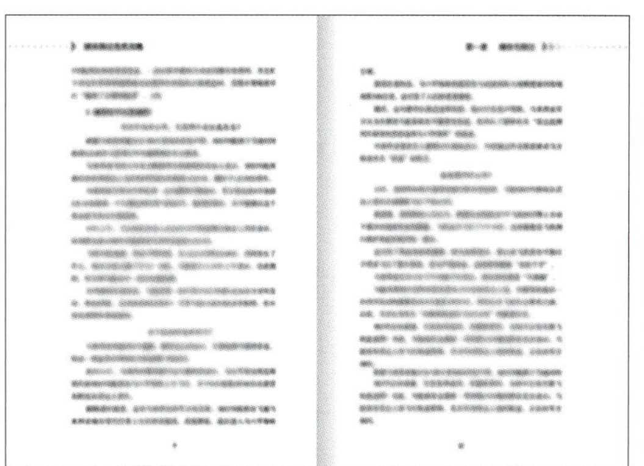

图6-5 单栏对称式网格的应用

2. 双栏对称式网格

双栏对称式网格是指将左右两个页面按照相同的比例和位置分别分为两栏的网格，如图6-6所示。这种网格比单栏对称式网格更灵活，可以让版面更为饱满，优化读者的阅读体验，比较适用于文字量较多且页边距相对较小的版面，如图6-7所示。

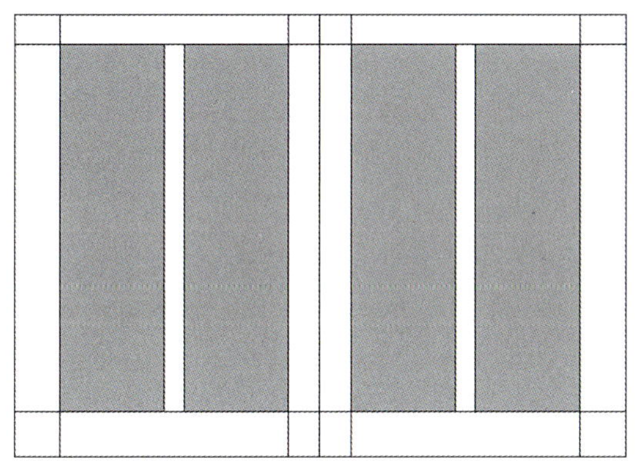

图6-6 双栏对称式网格示意图

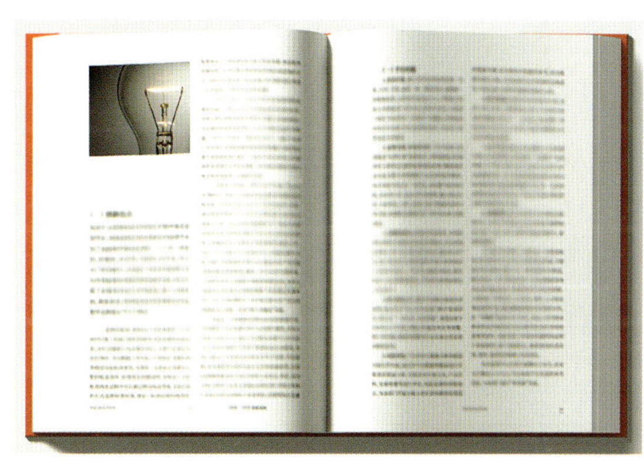

图6-7 双栏对称式网格的应用

3. 三栏对称式网格

三栏对称式网格是指将左右两个页面按照相同的比例和位置分别分为三栏的网格，如图6-8所示。这种网格可以让版面显得活泼，富有节奏感，同时方便读者快速阅读，比较适用于报纸、期刊和杂志等的版面，如图6-9所示。

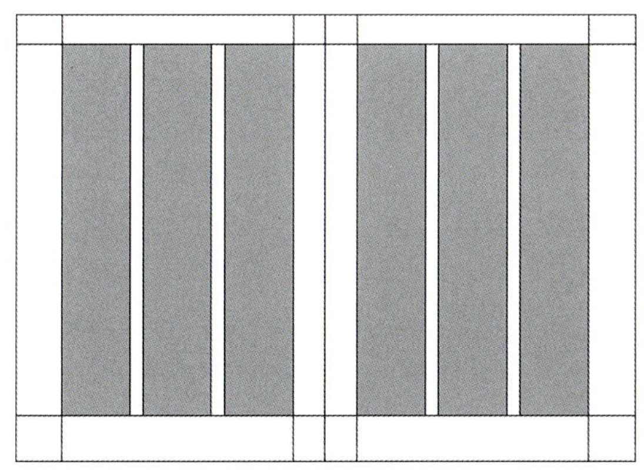

图6-8 三栏对称式网格示意图

浅谈文字版式设计在书籍设计中的运用

图6-9 三栏对称式网格的应用

4 多栏对称式网格

多栏对称式网格是指将左右两个页面按照相同的比例和位置分别分为三栏以上的网格，如图6-10所示。这种网格比较灵活，设计者可以根据版面的内容和风格自行安排栏数。多栏对称式网格比较适用于目录、术语表等说明性和功能性较强的版面，如图6-11所示。

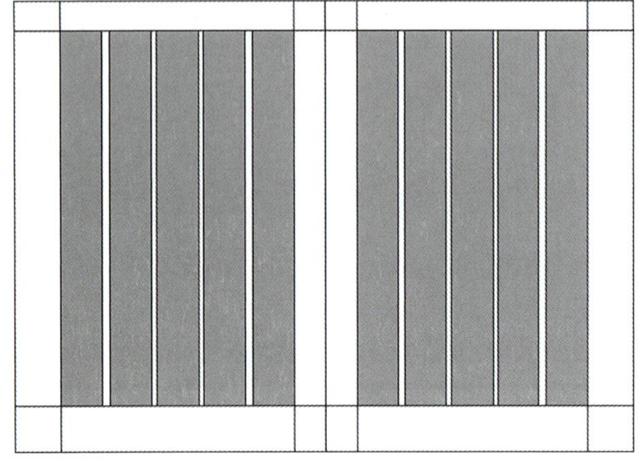

图6-10 多栏对称式网格示意图

图6-11 多栏对称式网格的应用

5. 单元格对称式网格

单元格对称式网格是指将左右两个页面按照相同的比例和位置分为多个大小相等的单元格的网格，如图6-12所示，设计者可以以此为基础进行对称排版。这种网格在保持左右两个页面的对称关系的同时，打破了栏的约束，既保证了版面的平衡感，又能使编排更加灵活，比较适用于图片较多的版面，如图6-13所示。

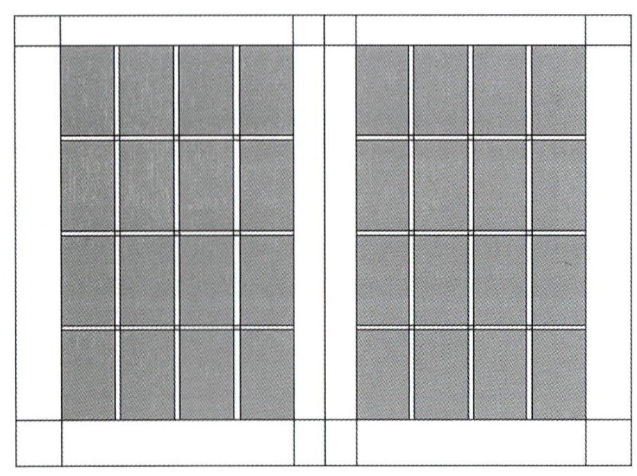

图6-12 单元格对称式网格示意图

图6-13 单元格对称式网格的应用

（二）非对称式网格

非对称式网格常用于包含左右两个页面的对页版面中，是一种让左右两个页面采用不同版面结构的网格，如图6-14所示。这种网格会让版面编排更加自由，但也更考验设计者的专业水平。设计者需要根据版面内容和设计需求灵活调整不同元素的大小、比例和位置。非对称式网格可以调节版面氛围，打造新颖、有趣、充满张力的版面效果，比较适用于个性和娱乐性较强的版面，如图6-15所示。

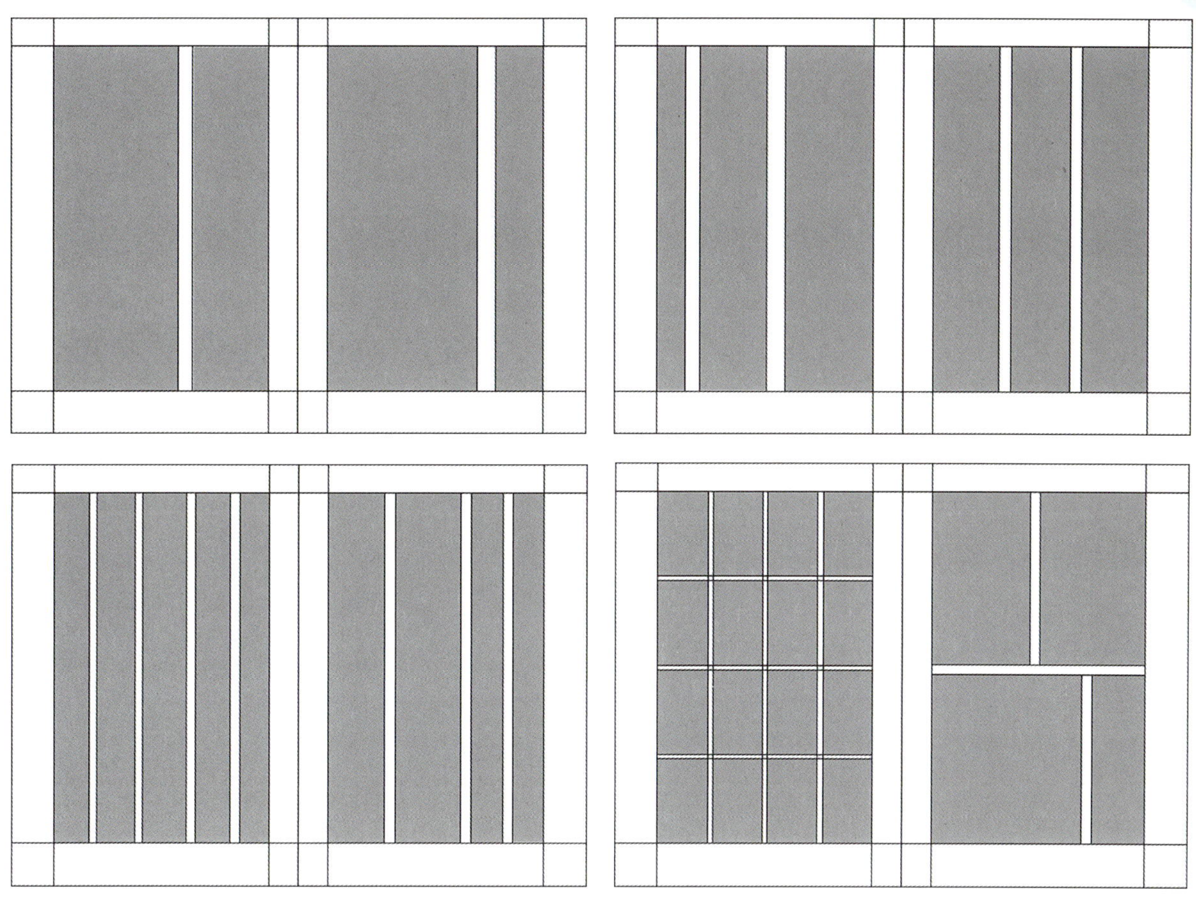

图6-14 非对称式网格示意图

图6-15 非对称式网格的应用

（三）成角网格

成角网格是指让版面中的所有元素都倾斜一定角度的网格，如图6-16所示。这种网格可以让版面突破常规，展现出十足的创意性，如图6-17所示。需要注意的是，版面中的元素一般只能有一个或两个倾斜角度，且倾斜角度要根据版面的内容和风格而定，这样才能保证版面的可读性，使版面和谐统一。

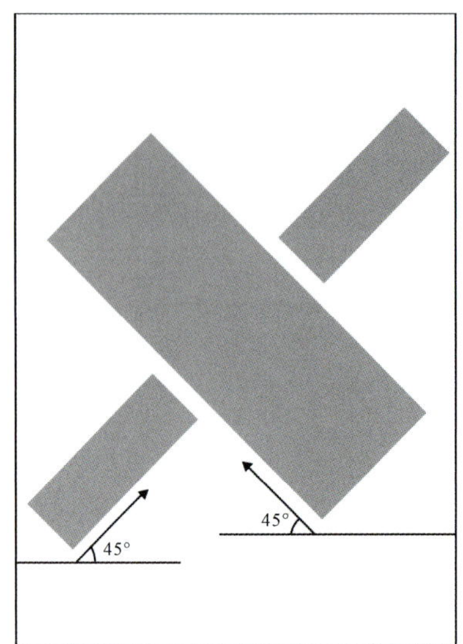

图6-16 成角网格示意图

图6-17 成角网格的应用

课堂互动

在运用成角网格的版面中，各个元素一般是向左倾斜还是向右倾斜？为什么？

（四）基线网格

基线网格是一种特殊的网格，它是一种辅助参考线，不会直接决定版面的排版方式。基线网格能为版面编排提供视觉参考和架构基准，帮助设计师对齐版面中的各个元素，以保证版面的规范，如图6-18所示。一般来说，基线的间距取决于文字的字号和行距。文字的字号和行距越大，基线的间距越大；反之，基线的间距越小。

图6-18 基线网格的应用

知识链接

其他网格形式

除了以上提到的四种网格类型之外，还有两种比较常见的网格，它们分别是比例式网格和方格式网格。

比例式网格是在长宽比为3∶2的对页版面上创建的，其具体创建方法为：① 将跨页对角线与单页对角线相交，形成点A和点B；② 分别以点A和点B为起点，垂直向上画直线与版面顶端相交，形成点C和点D；③ 连接点A、点D和点B、点C，并与单页对角线相交形成点F和点E；④ 以点E为起点水平向左画直线，与跨页对角线相交形成点K，以点K为起点垂直向下画直线，与单页对角线相交形成点J；⑤ 以点E、点K、点J为基础绘制长方形，形成版面的第一个版心；⑥ 以点F为起点水平向右画直线，与跨页对角线相交形成点G，以点G为起点垂直向下画直线，与单页对角线相交形成点I；⑦ 以点F、点G、点I为基础绘制长方形，形成版面的第二个版心。比例式网格能够保证版面的内侧页边距与外侧页边距之比和天头与地脚之比都是1∶2，使版面均衡、典雅，如图6-19所示。

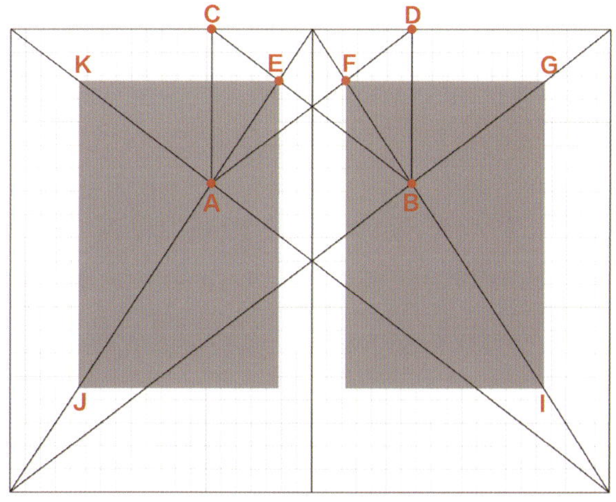

图6-19 比例式网格示意图

方格式网格也是在长宽比为3∶2的对页版面上创建的，其特点是版面的天头与地脚之比是8∶13，内侧页边距与外侧页边距之比是5∶8。方格式网格可以通过大面积的留白为版面营造简约、高雅的艺术氛围，如图6-20所示。

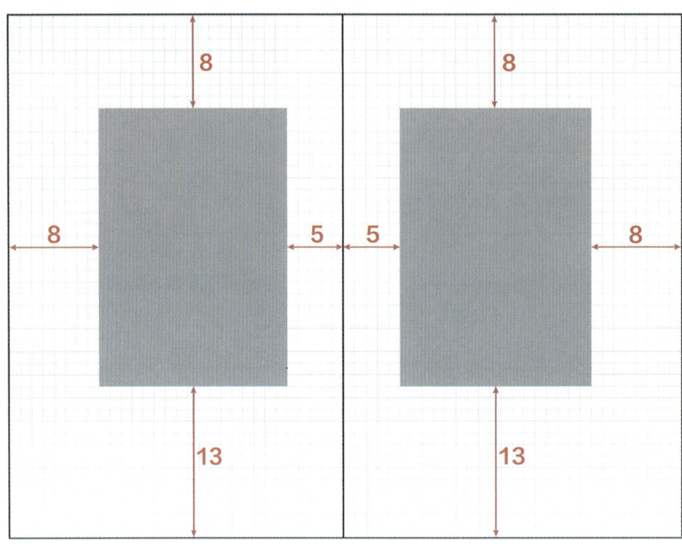

图6-20　方格式网格示意图

三、网格的作用

网格的作用主要有建立版面结构、规范版面内容、加强信息关联三个方面。

（一）建立版面结构

网格是建立版面结构的重要工具。设计者可以根据版面的内容和风格选择合适的版面结构，并恰当运用网格来建立所需的版面结构。网格能够帮助设计者确定各个元素的位置，规划不同元素之间的关系；同时还能够为版面创建合理的视觉流程，使版面结构清晰、有逻辑，以保证读者获得流畅的阅读体验。

（二）规范版面内容

网格的另一个重要作用就是规范版面内容。科学、规整的网格可以为版面编排提供精准的参考，让版面中的各个元素都能分布在合适的位置，“各司其职”，从而打造整洁、美观的版面效果，使版面兼具艺术的感性美和实用的理性美。

（三）加强信息关联

借助网格的约束力，设计者可以合理编排各个元素，使其在分区明确的同时又能互相关联，以保证版面的整体性和协调性；同时还可以通过元素之间外在的视觉关系体现其内在的逻辑关系，将版面的关键信息快速、准确地传达给读者。

网格建立的规则

任务实施

张先生最近开了一家打印店，为了更好地宣传店铺，他自己动手设计了一张名片，如图6-21所示。设计完成之后，张先生总感觉哪里不太对劲，于是找了设计专业的儿子小张帮忙，想让他找出名片的问题并修改。如果你是小张，你会如何修改名片呢？

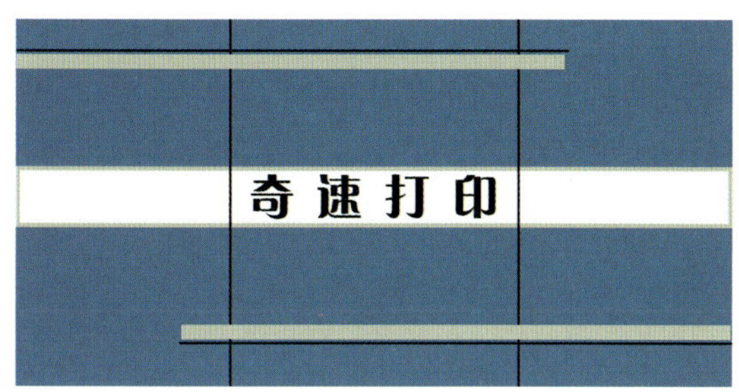

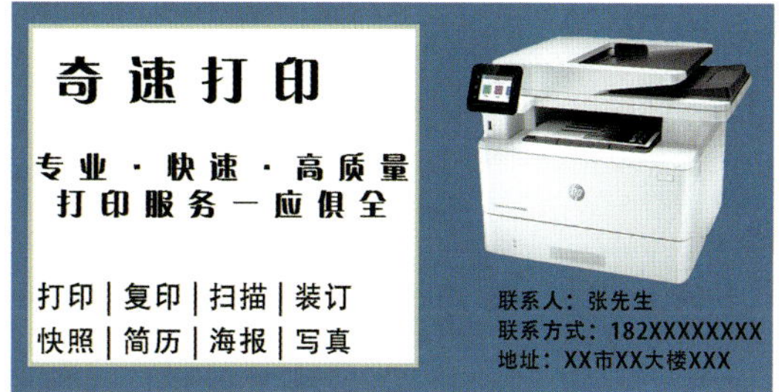

图6-21 张先生设计的名片正反面

1. 理论学习

结合所学知识，搜集相关资料，形成对网格的深入认识。

2. 分析名片

根据相关资料和所学知识，分析名片设计存在的问题并思考如何解决这些问题。

3. 修改名片

运用网格的相关知识，修改名片。

4. 记录过程

记录修改思路和修改过程，并写成简短的报告。

5. 汇报交流

在课堂上展示修改后的名片，汇报报告内容，并与教师和其他同学积极交流。

任务二　井井有条——绘制网格

任务导入

漫画分镜：静止的动态

人类社会发展到今天，出现了很多种讲述故事的方式，比如小说、话剧、电影等，漫画也是其中一种。和其他方式相比，漫画的历史比较短，并且最开始的漫画并没有“分镜”“对话框”等元素，我们现在所熟悉的漫画都是从电影、摄影等艺术中汲取养分，逐渐发展而来的。

漫画不同于其他艺术形式的核心在于它是通过并置图画来讲述故事的，因此也被称为“连续的艺术”。只看单张图画的话，画面是静止的，但如果把多张图画连起来看，图画之间就有了连续性，也就形成了充满动感的画面，如图6-22所示。

图6-22　漫画分镜

要想使画面动起来，就需要用到分镜。漫画分镜主要通过格子来表达内容，作者需要根据内容合理安排格子的数量、大小、比例关系等。漫画分镜是一个漫画的最初形态，而绘制分镜则是整个创作过程中最重要的环节之一。如果分镜编排不当，不仅容易给读者带来阅读上的障碍，还会让读者对故事的理解产生偏差。

由此可见，漫画分镜和版式设计的网格是有相似之处的，它们都是通过格子来使画面规范、有序。优秀的漫画分镜可以帮助作者创造出充满动感、极具视觉冲击力的画面；合理、恰当的网格也可以帮助设计者打造协调、美观的版面。

在了解了网格的定义、类型和作用之后，就可以开始学习如何绘制网格了。基础网格的绘制流程主要有确定版心、设置分栏、画辅助线三个步骤。

一、确定版心

绘制网格的第一步就是确定版心。版心的范围会直接影响版面的效果和风格，设计者要根据设计主题和设计需求确定版心的大小和位置，如图6-23所示。

图6-23　确定版心

一般来说，版心越大，版面的利用率就越高，留白就越少，画面会更为饱满，显得热闹、活泼、有亲和力，如图6-24所示；版心越小，版面的利用率就越低，留白就越多，不过这样能让画面显得安静、冷淡、有高级感，如图6-25所示。

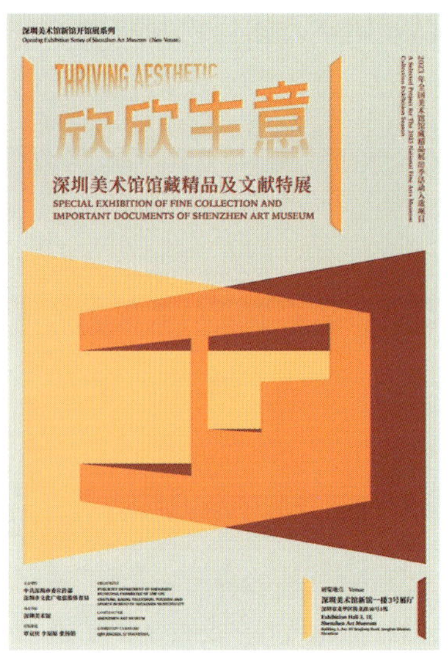

图6-24　版心大的版面

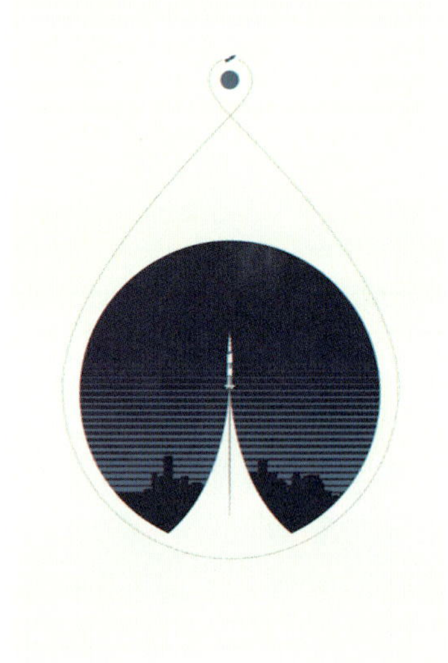

图6-25　版心小的版面

课堂互动

请同学们画出图6-24和图6-25中的设计作品的版心。

二、设置分栏

在确定好版心之后，还需要根据版面内容设置分栏，主要是设置栏数、各栏的栏宽、栏与栏的间距等，如图6-26所示。

栏数可以根据文字量、版面类型确定为一栏至多栏，但最多不应超过六栏，否则会让版面显得杂乱无章；各栏的栏宽可以是相同的，以使版面均匀分布、协调统一，也可以是不同的，以使版面自由分布、活泼灵动；栏与栏的间距可以根据文字的字号、字距和页边距来确定，通常情况下，栏与栏的间距应明显大于文字的字宽和字距，并小于页边距。

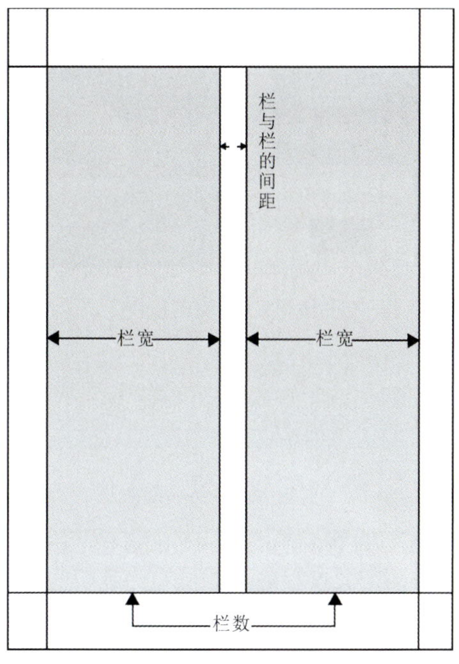

图6-26　设置分栏

三、画辅助线

确定好版心和分栏之后，就可以在此基础上画最后的辅助线了。辅助线一般是横向的，可以与竖向的栏共同组合成网格，将版心分割为多个规整的单元格，如图6-27所示。

单元格的宽度取决于所在栏的栏宽，高度取决于文字的字高、行距和图片的大小、数量等因素；单元格的横向间距取决于栏与栏的间距，竖向间距取决于文字的字高、行距和图片的大小、数量等因素。

绘制好网格之后，就可以放置相应的文字、图片等元素了。具体操作时，要注意对齐各个元素，以保证版面规范、整齐，如图6-28所示。

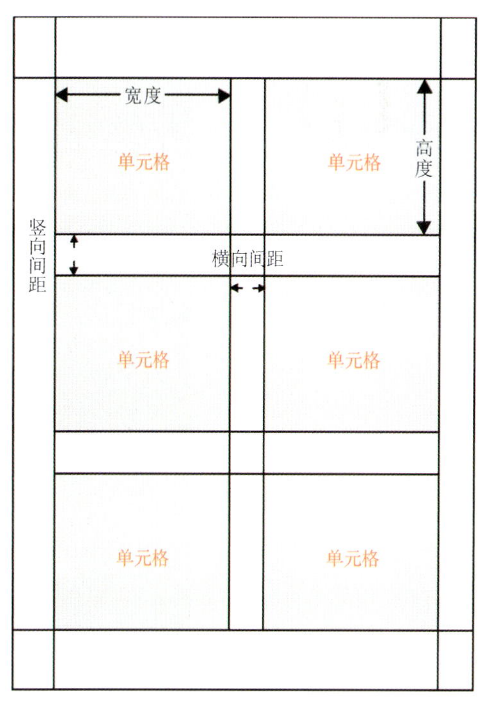

图6-27　画辅助线

图6-28　网格的应用

知识链接

绘制网格的实际操作

在实际操作中，我们可以用Adobe Photoshop和Adobe Illustrator软件来绘制基础网格。

用Adobe Photoshop软件绘制基础网格的操作方法为：第一步，选择顶端菜单栏的“视图”选项，然后在出现的下拉菜单中选择“新建参考线版面”，如图6-29所示；第二步，在弹出的“新建参考线版面”对话框中根据需求设置参数，如图6-30所示。

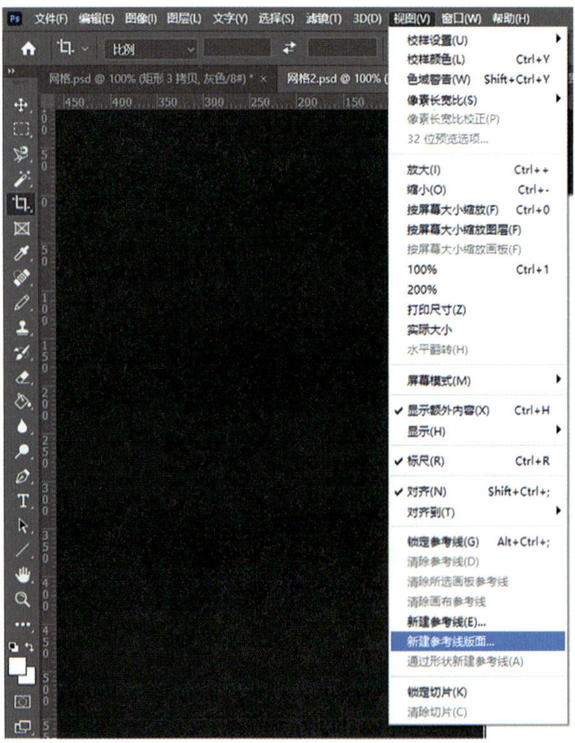

图6-29　第一步：选择“新建参考线版面”

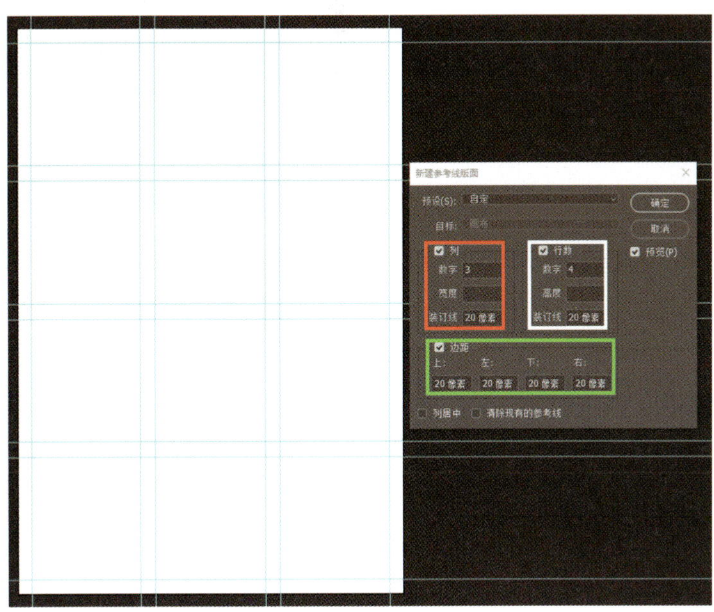

图6-30 第二步：设置参数

在图6-30中，红框内的三个参数从上到下依次代表栏数、栏宽、栏与栏的间距；白框内的三个参数从上到下依次代表每栏的单元格数量、单元格的高度、单元格的竖向间距；绿框内的参数从左到右依次代表版面的天头高度、左侧页边距、地脚高度、右侧页边距，它们共同决定了版心的范围。

用Adobe Illustrator软件绘制基础网格的操作方法为：第一步，选择工具栏中的“矩形工具”，如图6-31所示；第二步，在版面内绘制一个长方形作为版心，然后选中长方形，选择顶端菜单栏中的“对象”选项，之后在下拉菜单中选择“路径”，再选择“分割为网格”，如图6-32所示；第三步，在弹出的“分割为网格”对话框中根据需求设置参数，如图6-33所示。

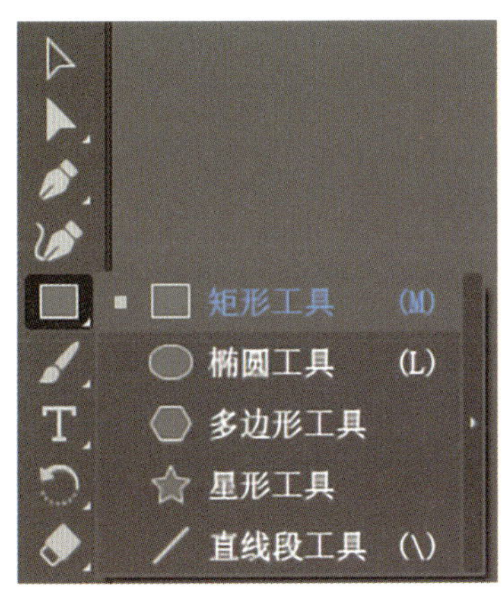

图6-31 第一步：选择“矩形工具”

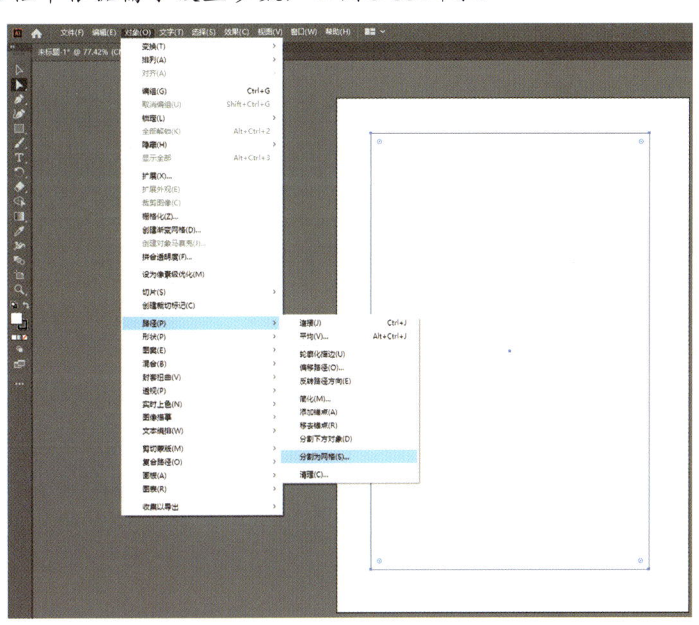

图6-32 第二步：绘制版心，选择“分割为网格”

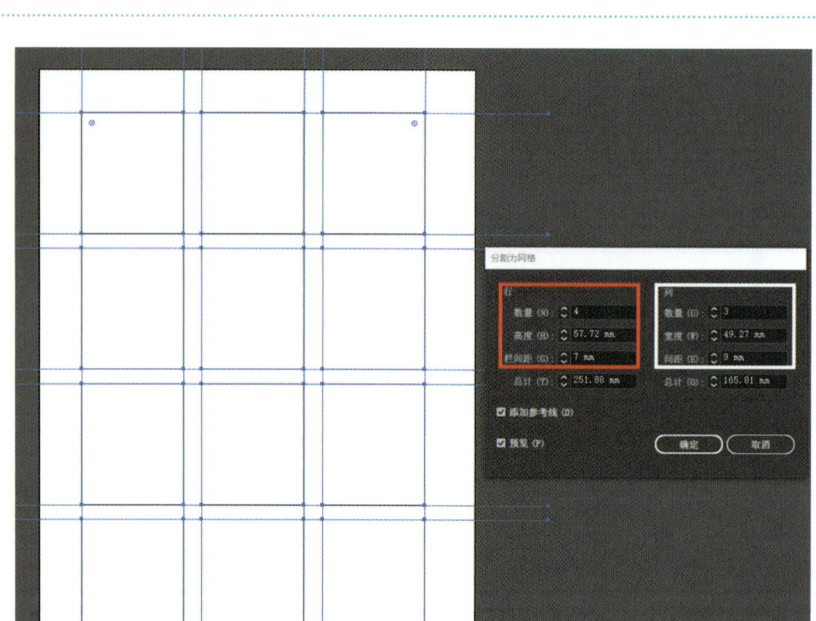

图6-33　第三步：设置参数

在图6-33中，红框内的三个参数从上到下依次代表每栏的单元格数量、单元格的高度、单元格的竖向间距；白框内的三个参数从上到下依次代表栏数、栏宽、栏与栏的间距。

任务实施

在传播媒介还不太发达的20世纪，报纸是人们获取信息的重要渠道。大到国家大事，小到娱乐八卦，报纸上的信息包罗万象，能让读者在第一时间获取最新资讯。如今，获取信息的渠道五花八门，及时性和便捷性都不够的报纸已经在时代发展的洪流中逐渐暗淡。即便如此，报纸的艺术价值和历史意义依然不可忽视。请同学们灵活运用所学知识，制作一张班级报纸。

1. 确定主题

搜集相关资料和优秀模板，在此基础上确定报纸的尺寸、主题、所包含的板块以及不同板块的大概内容等。

2. 收集素材

根据报纸主题和所包含的板块，收集有用的素材，比如向同学们征稿、收集老师的评语、收集班级活动的照片等。

3. 设计报纸

在确保符合设计主题和设计要求的基础上，结合所学知识，运用Adobe Photoshop、Adobe Illustrator等软件设计报纸。需要注意的是，应先绘制网格，以初步确定报纸的版面结构，然后在网格的辅助下设计具体内容。

4. 打印报纸

了解报纸所用纸张的种类及其特点，选择合适的纸张并打印报纸。

5. 展示与交流

在班级内展示作品，并讲解报纸主题、报纸内容、设计思路和制作过程等。听取教师的建议，积极与其他同学展开讨论，互相分享心得体会。

项目实训

实训导入

位于北京的故宫博物院是在明清皇宫紫禁城的基础上建立起来的集古代建筑群、宫廷史迹、皇家藏品为一体的大型综合性博物馆，也是中国最大的古代文化艺术博物馆。故宫博物院的院藏文物数量众多、品类丰富、品质精良，现有藏品总量已达180余万件，共分为25个大类，其中一级藏品就有8000余件，可以说故宫博物院是当之无愧的“中国艺术宝库”，如图6-34所示。为了让更多人了解、欣赏这些各具特色的珍贵藏品，感受中国古代文化艺术的魅力，请同学们运用所学知识为故宫博物院的藏品设计讲解手册吧。

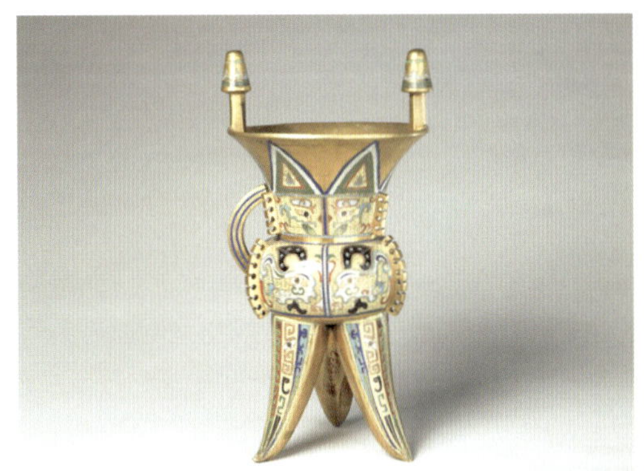

故宫博物院的部分藏品介绍

图6-34　故宫博物院部分藏品

实训要求

请同学们运用所学知识，通过小组合作的方式，为故宫博物院的藏品设计讲解手册。

1 自由结组

同学们自由组队，6～8人一组，组内推选一名小组长，小组长根据任务内容合理分工。

2 搜集资料

搜集相关资料，学习故宫博物院的历史、特点和藏品规模等知识。

3 设计讲解手册

（1）搜集和分析案例

广泛搜集优秀案例，结合所学知识分析其版式设计的优缺点，尤其是网格运用的优缺点，并从中获取灵感。

（2）选择要宣传的藏品

根据相关资料，选择10～12件要宣传的藏品，深入了解这些藏品的外观、年代和历史意义等，可以登录“故宫博物院官网”查找并收集有用的资料。

（3）创意构思

确定讲解手册的主题，并构思设计方案。

（4）设计作品

在确保符合设计主题和设计要求的基础上，结合版式设计的相关知识，运用Adobe Photoshop、Adobe Illustrator等软件设计讲解手册。

4 展示与交流

各小组分别派一名代表展示本小组的作品，并说明设计方法、设计思路和设计过程等，然后收集和整理教师与其他同学的建议和评价，课后继续完善作品。

5 作品评选

由教师和同学们共同投票选出优秀作品和优秀小组，并予以嘉奖。

项目评价

以小组为单位，各组成员结合任务实施和项目实训的情况对本项目的学习效果进行自评和互评，并请教师进行总体评价，完成后填写项目评价表，见表6-1。

表6-1 项目评价表

评价指标	评价标准	分值	评价得分		
			自评	互评	师评
知识与技能评价（50%）	了解网格的定义、类型、作用等基础知识	10			
	能够运用相关知识分析优秀作品的版面结构	10			
	将网格的绘制流程牢记于心	15			
	能够正确运用网格进行版式设计	15			
过程与方法评价（25%）	课前做好准备工作，搜集相关资料	5			
	积极参与课堂互动	10			
	能够高质、高效地完成各项任务，并不断反思、总结	10			
核心素养评价（25%）	通过体会网格的秩序美，提升审美能力	5			
	通过绘制和运用不同类型的网格，培养设计思维，提升设计能力	10			
	在完成实践活动的过程中，积极与他人分享、交流，认真倾听他人建议	10			
总评	自评（20%）+互评（20%）+师评（60%）=	教师（签名）：			

项目七

7

版式设计实战

- 任务一　引人注目——海报版式设计
- 任务二　纸上生花　　书籍版式设计
- 任务三　方寸之间——App界面版式设计

项目导读

前面的项目主要介绍了版式设计的视觉流程和基本类型，探讨了文字、图片、色彩与网格在版式设计中的运用。这些知识为我们开展版式设计实战打下了坚实的理论基础。版式设计对现实生活有着广泛的影响，不论是传单、报纸、书籍等纸质媒介，还是网页、App等数字媒介，它都在其中发挥着至关重要的作用。因此，根据现实生活的需求完成版式设计的任务，是平面设计从业者必须掌握的技能之一。

本项目包括三项任务，即“海报版式设计”“书籍版式设计”与“App界面版式设计”，以海报、书籍与App界面三个领域为例，来讲解版式设计的特征和方法，并对优秀作品进行赏析。本项目能够帮助学生加深对版式设计相关知识的理解，加强版式设计实践的能力，进而提升学生的专业水平与综合素质。

学习目标

【知识目标】

1. 了解海报版式设计的特征与方法。
2. 了解书籍版式设计的特征与方法。
3. 了解App界面版式设计的特征与方法。

【技能目标】

1. 能够深入赏析优秀的版式设计作品。
2. 能够综合运用所学知识完成版式设计任务。
3. 能够充分把握不同应用领域的版式设计要求。

【素养目标】

1. 通过实战练习，深入理解版式设计的原理和技巧，提升专业素养。
2. 通过探索不同的设计方案，突破现有的设计思维，培养创新意识。
3. 通过与小组成员共同完成设计任务，增强沟通、分工与协作的能力。

任务一 引人注目——海报版式设计

任务导入

“波普风”海报

波普艺术（Pop Art）意为流行艺术、通俗艺术，发源于20世纪50年代初的英国。[①]这一艺术流派通过复制、挪用和拼贴富有商业气息的肖像、漫画、广告和商品包装等素材，揭示了大众文化的审美风向，进而引发人们对商业社会、消费主义以及艺术观念的反思，如图7-1所示。

图7-1 布面丙烯画《坎贝尔汤罐头》（安迪·沃霍尔）

当波普艺术进入海报设计领域，便产生了一种独特的海报设计风格——“波普风”。“波普风”海报借助复制和拼贴等手法，将日常生活中随处可见的素材重新组合，打造出新颖的版面与夸张的造型，令人耳目一新。此外，“波普风”海报常用纯度较高且对比鲜明的色彩，使版面看上去绚烂夺目，如图7-2所示。这些设计方法使得“波普风”海报在强调主题、吸引读者和推广产品等方面有着明显优势。随着商业社会的不断发展，“波普风”海报的影响力也在不断扩大。

① 马晓翔，陈云海．当代艺术思潮［M］．2版．南京：南京大学出版社，2020．

图7-2 “波普风”海报

由此可见，版式设计在海报主题传达和风格塑造方面发挥着至关重要的作用。接下来，让我们一起了解海报版式设计的特征与方法，在欣赏作品与完成任务的过程中增强版式设计能力吧。

一、海报版式设计的特征

海报是一种常见的视觉传达形式，通常指张贴在公共场所的印刷品。随着互联网技术的发展，越来越多的海报以数字化形式进入了大众的视野。不论是实体海报还是数字化海报，其主要功能都是凭借醒目的视觉效果，在极短的时间内引起人们的注意，从而高效传播信息。因此，海报的版式设计通常具有下述特征。

（一）主题性

与书籍、网页、App界面等视觉传达形式相比，海报版面能够容纳的信息相对有限。这要求设计师选择与海报主题相关度较高的元素，将关键信息以高度集中的形式呈现出来，以帮助读者快速了解海报的宣传意图，如图7-3所示。

图7-3 主题鲜明的海报

知识链接

海报画布的设置

在实际工作中，设计师要根据海报的应用场景、服务对象和制作成本来设置海报画布的属性，包括尺寸、材质、分辨率与色彩模式等。例如，移动端满屏海报的画布尺寸通常为1242 px× 2208 px；电商横版海报的画布尺寸通常为750 px×390 px；实体海报的常见尺寸则有300 mm×420 mm、420 mm×570 mm、500 mm×700 mm、570 mm×840 mm、600 mm×900 mm、700 mm×1000 mm和900 mm×1200 mm等。为满足印刷需求，在设计实体海报时，要将色彩模式设置为CMYK模式；如果要在线上发布同样的海报，则将文件的色彩模式转换为RGB模式即可。

（二）远视性

海报常被张贴在街道、广场、车站等公共场所。这些场所人流量大，信息庞杂，不利于人们长时间、近距离地阅读张贴物的内容。为了让海报在复杂的环境中脱颖而出，设计师应当注重海报的远视性。具体而言，就是要注意海报中文字与图片的大小关系、位置关系和色彩关系，从而保证海报的图文清晰、主体鲜明，使人们在较远的距离下仍然能准确识别海报的信息，如图7-4所示。

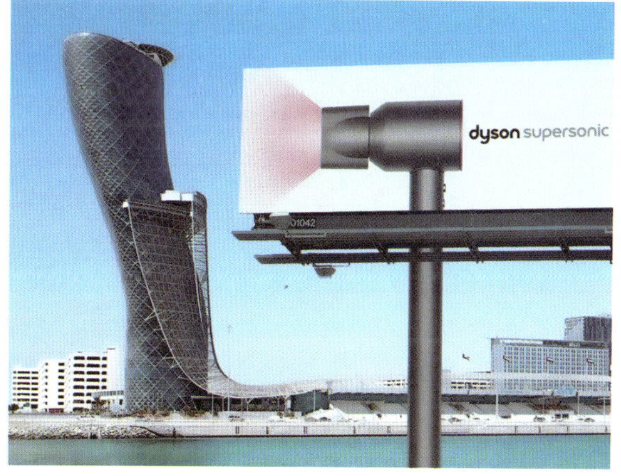

图7-4　具有远视性的户外海报

（三）艺术性

海报不仅是商家、机构向公众推销产品或服务的宣传工具，也是艺术家表达设计理念和审美趣味的重要手段。富有艺术性的海报不仅赏心悦目，还能调动人们的情绪，引起人们的共鸣，如图7-5和图7-6所示。某些优秀的海报甚至能促进艺术风格与艺术流派的形成，进而引领一个时代的艺术潮流。因此，在设计时，设计者要充分发挥想象力，借助不同的表现手法，打造出多样又独特的版面效果。

图7-5 《库珀斯敦夏季音乐节》海报（梅顿·戈拉瑟）

图7-6 《大鱼海棠》电影海报（黄海）

二、海报版式设计的方法

熟悉了海报版式设计的特征之后，我们还应掌握相应的设计方法，从而创作出美观且实用的海报。在设计海报时，通常需要遵循以下几点。

1. 梳理信息

海报中的图文信息要求简洁、清晰，以便于人们理解。因此，在设计之前，要划分出信息的层级，明确需要突出展示的部分。在梳理过程中，要注意把控海报的信息量。当版面信息过多或不足时，要适当进行删减或补充。

2. 确定构图

在这一步中，我们要根据信息的优先级选择合适的视觉流程和基本类型，以保证关键信息能够有效传达。

3. 处理图片

确定好海报的构图之后，要挑选切合主题的图片，并对素材进行相应的处理，以便后期使用。

4. 设计字体

字体是海报版式设计中不可或缺的一部分。我们要选择切合海报主题与风格的字体，并采用适当的设计方法来增强字体的艺术魅力；同时，要保证字体清晰可辨，让读者能够在短时间内理解文字信息，如图7-7所示。

图 7-7　以文字为主的海报版式设计

5. 综合编排

在这一步中，我们要按照先前选定的视觉流程和基本类型，将各类视觉元素整合在一起。编排时，要灵活调整文字、图片与色彩，使各类视觉元素相辅相成，从而打造出和谐有序的版面，如图7-8所示。

图 7-8　和谐、有序的版面

6. 优化版面

完成海报的综合编排后，我们还要重新审视版面的整体效果，判断能否进一步优化海报。在此基础上，可以采用多种创意设计方法，比如对海报的部分内容进行夸张强调，或在版面中添加花纹、图案等装饰，从而增强海报的艺术表现力。

三、优秀作品赏析

乐高海报：鼓励每种尺寸的想象

《想象力不分大小》是全球知名玩具品牌乐高推出的系列海报，如图7-9所示。该系列海报通过积木模型的大小对比向人们传达了这样一种理念：尺寸无法限制想象；通过乐高积木，每个人都可以尽情发挥想象力，体验创作的乐趣。

图7-9　系列海报《想象力不分大小》

该系列海报以图片为版面主体，结合大小对比的手法，有效增强了海报的表现力与感染力。每张海报中都有两个用乐高积木搭建而成的模型，这两个模型大小悬殊，极具视觉张力。其中，大尺寸的模型溢出版面，只露出冰山一角；人们虽不能看到该模型的全貌，却能想象其庞大与精美。与之相比，小尺寸的模型虽然袖珍，但是毫不逊色，同样能惟妙惟肖地表现出事物的特征。版面下端的正中间是乐高的商标与广告语，不仅可以稳定重心、平衡构图，还起到了画龙点睛的作用，令人回味无穷。

高考海报合集：
品牌出奇招，为考生加油

任务实施

4月23日是世界读书日。每年的这一天，世界各地的学校、图书馆、出版社等机构或组织多会举办图书展览会等活动，鼓励人们发现阅读的乐趣，激发人们对知识的渴望。“读书须用意，一字值千金。”读书不仅有利于提高个体的综合素质，还能促进民族文化、民族精神的传承与发扬。为了使更多人明白读书的意义，让我们以世界读书日为主题，设计一张富有感染力的公益海报吧。

1. 搜集资料

通过查阅书籍或网络资料了解世界读书日的由来、意义和相关活动。

2. 分析案例

搜集以世界读书日为主题的海报，分析这些海报的特点与设计方法。

3. 构思设计

根据搜集的资料进行深入思考，并结合海报版式设计的相关知识，初步确定设计方案。

4. 实施方案

根据设计方案绘制草图，并在草图的基础上反复修改以取得更好的视觉效果。

5. 展示作品

在班级中展示作品并讲述创作过程，由教师和其他同学提出问题和建议。

任务二　纸上生花——书籍版式设计

任务导入

绘本：带孩子感受世界的精彩

绘本是一类以绘画为主，附带少量文字的书籍。优质绘本能为孩子带来多方面的益处。在内容方面，优质绘本往往深入浅出、以小见大，能够通过简单的情景和故事传授知识、启迪思想，从而引导孩子树立正确的价值观；在形式方面，优质绘本往往装帧精美、设计独特，能够通过丰富的图片和色彩引起孩子的阅读兴趣，滋养孩子的心灵，从而增强孩子的想象力与创造力，如图7-10所示。因此，许多家长都将绘本作为孩子成长过程中的重要读物。

图7-10　优质绘本内页设计

评价绘本质量的一个重要标准是版式设计的效果。合理编排文字、图片与色彩可以提升绘本的整体质量。例如，适当放大字体、增大字距与行距可以使文字更加清晰易读，从而给孩子带来更加舒适的阅读体验，同时还能保护孩子的视力；又如，根据绘本的主题与风格，将图片裁剪成不规则形状或者分布在版面的不同位置，都能使绘本更加美观、独特。

由此可见，版式设计对书籍而言至关重要。接下来，让我们一起学习书籍版式设计的特征与方法，在欣赏作品与完成任务的过程中增强版式设计能力吧。

一、书籍版式设计的特征

书籍是传播知识、传承文化的重要工具，同时也是一种常见的商品。书籍的版式设计是指在有限的版面中，合理编排书中的文字、图片、表格等内容，从而使书的内容清晰可辨、便于理解，同时外观富有魅力、利于销售。因此，书籍的版式设计通常具有下述特征。

（一）实用性

书籍的版式设计影响着书中信息的传递效果，也影响着读者的阅读体验。只有让读者充分理解书籍中的各类信息，才能进一步发挥书籍的娱乐、教化等功能。因此，在设计时，我们首先要保证书籍版面的实用性。为此，我们要根据书中的章节目录，合理把控各级标题与正文的字号、字距与行距，必要时还可以设置多个分栏，保证书中信息层次分明、清晰易读。此外，我们还要考虑到读者的年龄、职业、民族、地域、文化水平等因素，照顾不同人群的理解水平和阅读习惯，让读者从书中获得切实的裨益。

（二）整体性

书籍的版式设计不仅涉及文字、图片、色彩等元素的编排，还涉及印刷、裁切和装订等生产环节。为了保证这些环节的有序推进，我们必须从整体把握全书并预先制订全面的计划。在开始阶段，要尽可能了解全书内容、作者意图、作品风格与读者群体，选择相应的开本、纸张材料、印刷方式与装订方式等，进而以统一的设计风格完成全书的版式设计。

（三）独特性

随着市场经济与信息技术的快速发展，出版物的数量与种类大幅增加，使得书籍的竞争日益激烈。一本书能否取得良好的市场表现，与其版式设计是否具有独特性有着密切关联。有些书在内容、材料、工艺等方面都没有瑕疵，却因为难以引起读者的兴趣而陷入无人问津的境地。因此，在设计时，要充分调动创造性思维，用新颖的图文编排、独到的色彩搭配以及特殊的材料工艺来彰显书籍的与众不同，助其在一众竞品中脱颖而出，如图7-11所示。

图7-11 富有独特性的书籍版式设计

二、书籍版式设计的方法

不同类书籍的封面设计特点

书籍的版式设计主要分为封面设计与内页设计两部分。接下来，我们将从这两个部分出发，探讨书籍版式设计的具体方法。

（一）封面版式设计

封面是一本书的“门面”，也是一本书集中展现自身品质与亮点的重要窗口。因此，封面的版式设计要具备较强的视觉冲击力，才能给读者留下深刻的第一印象，如图7-12所示。以下这些设计方法，有助于我们打造出鲜明又别致的书籍封面。

图7-12　书籍的封面版式设计

1. 突出书名

书名是对一本书的高度概括。通过书名，读者能够迅速把握书的精髓，了解书的主题、类型与风格，从而判断这本书是否符合自己的兴趣或需求。富有悬念的书名还能激起人们的好奇心，增强人们阅读与购买的欲望。因此，我们可以将书名放在版面的视觉重心区域，采用加大、加粗字体或其他艺术加工方式，使书名更加醒目、突出。

2. 强调图片

与文字相比，图片具有直观易懂、个性鲜明与视觉冲击力强等特点。将图片作为封面的主要视觉元素，能够增强版面的感染力，引发读者的情感共鸣。需要注意的是，在选择图片时，要充分考虑书的主题、类型与风格并选择与之相符的图片。例如，儿童读物的封面适合采用夸张、鲜艳、充满想象力的图片，而学术著作的封面适合采用现实性较强的图片。

3. 善用装饰

在封面中适当添加花纹、图案等装饰元素，可以增强封面的艺术感与设计感，从而为读者带来视觉享受。此外，将这些装饰元素与烫金、激光、模切等印刷工艺相结合，还能使书的外观更加精美、富有质感，如图7-13所示。

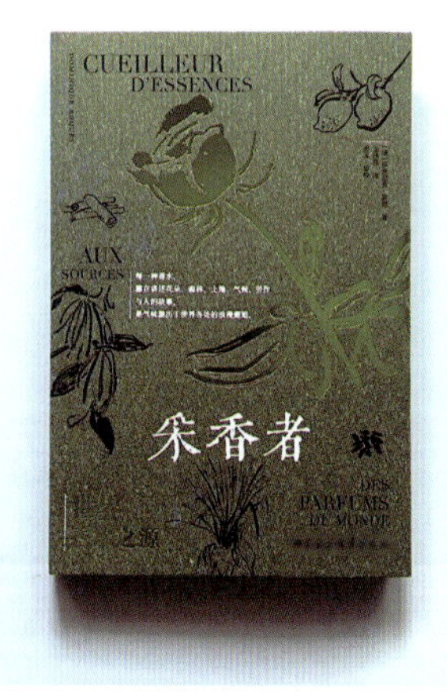

图7-13　花纹、图案与特殊工艺的结合

4. 巧用色彩

在封面的版式设计中，色彩的运用是相当重要的。合理运用色彩，不仅能增强封面的美感，还能起到渲染气氛、传递情感的作用。设计师可以利用色彩心理学的原理，借助色彩的明度、纯度、冷暖及其产生的搭配效果，有效激发读者的情感反应，如图7-14所示。

图7-14　色彩鲜艳的封面版式设计

知识链接

书籍封面的构成

书籍的封面主要由封面、封底、封里、封底里和书脊构成。

封面：又称“封一”或“前封面”，通常印有书名、作者、出版社等信息，以及相关的图案或图像。封面是读者最先看到的部分，对于吸引读者的注意力非常重要。

封底：又称“封四”或“底封面”，通常印有书的条码、定价、出版社的联系方式等附加信息。

封里：又称“封二”，是封面的里面。图书的封里一般为空白；期刊的封里较多登载宣传文字或广告，也可以放置目次表。

封底里：又称“封三”，即封底的背面。图书的封底里一般为空白；期刊的封底里较多登载宣传文字或广告，也可以放置目次表。

书脊：是连接封面和封底的部分，通常印有书名、作者以及出版社等信息。书的厚度决定了书脊的宽度。

除了以上几部分，封面还可能包括勒口与护封。勒口是封皮延长内折而成的部分，通常印有作者简介、书籍推荐等内容。护封则是一种额外的保护层，常见于精装书籍，具有保护作用，同时也是一种重要的书籍宣传手段。

（二）内页版式设计

如果说封面是书籍的“外壳”，那么内页便是书籍的“内核”。书籍的内页通常包括扉页、目录、正文和附录等内容，提供了书籍的绝大部分信息，如图7-15所示。因此，内页的版式设计是否合理，直接关系到读者的阅读体验以及信息的传播效果。为了设计出美观、实用的书籍内页，我们还需遵循以下设计方法。

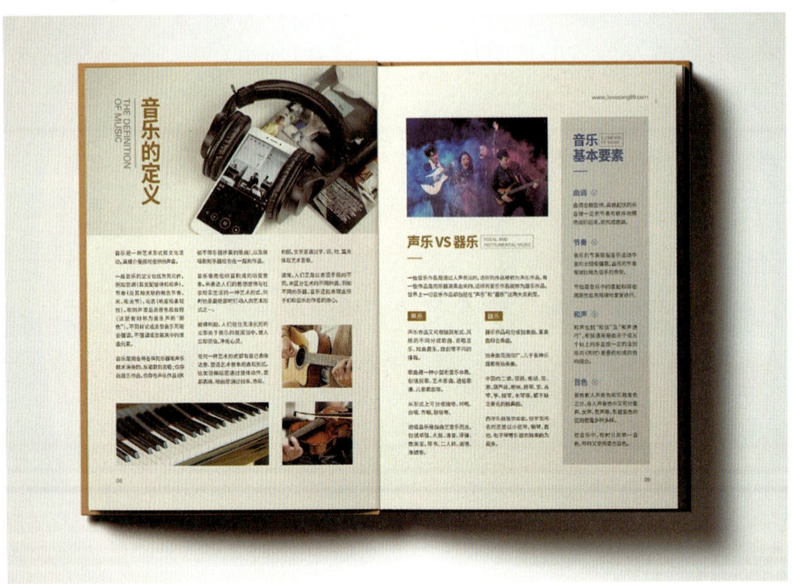

图7-15　书籍的内页版式设计

1. 确定开本

书籍的开本是指书籍的大小。一本书的开本要根据书的类型、容量和功能来确定。例如，绘本、画册、摄影集等以图片为主的书适合采用大开本设计，有助于完整呈现图片细节，从而提升读者的观赏体验；而字典、手册、指南等文字较多的书适合采用小开本设计，有助于提升其便携性，方便读者随时查阅。

2. 确定版心

版心是印刷成品版面中的图文印刷区域（不含出血图片），即版面上容纳文字、图表（一般不包括书眉、中缝和页码）的部位，一般由文字、符号、图表、线条、底纹和间空构成。版心的面积大小和在版面中的位置，对版式的美观、读者的阅读体验和纸张的合理利用都有影响。当版心的位置比较靠下时，版式会给人以严肃、庄重的感受；当版心的位置比较靠上时，版式会给人以轻松、活泼的感受。在设计版心的规格时，我们可以根据书籍的主题、类型与风格来调整版心的大小与位置。

3. 调整正文

正文是一本书的主体部分。正文部分的版式设计是否清晰易读，直接影响到阅读的流畅度与舒适度。正文部分的版式设计要紧密贴合该书的内容，例如，教材类书籍通常信息较多，因此正文部分的行距不宜过大，否则会导致信息较为分散，容易增加读者的阅读负担；而散文、小说等休闲类书籍的正文则可以采用较大的字距与行距，从而给读者带来随性、惬意的心理感受。

4. 设计书眉、页码

书眉是指在版面的天头处排列的文字，因其像版面的“眉毛”而得名，也称作“上书眉”。书眉一般包括文字和书眉线，有时也包括页码；书眉文字的内容一般是集、部、篇、章、节等一级标题或二级标题的名称，有时也可将丛书名、书名作为书眉。页码是标明版面顺序的序号，其主要作用是梳理全书的前后次序，帮助读者检索特定信息。

书眉和页码不仅可以方便阅读，还有装饰版面的作用。在设计书眉和页码时要以简洁、实用为原则，这样才能让读者在短时间内找到目标信息。在此基础上，我们可以为书眉或页码增添色块、图案和花纹等元素，从而增强版面的设计感。

三、优秀作品赏析

《中华二十四节气》：领悟四时寒暑之美

《中华二十四节气》是一本以弘扬节气文化为主题，采用传统经折装帧形式的图书。该作品不仅是对古老智慧的致敬，更是对自然韵律与现代生活和谐共融的一次深刻探索。它以细腻的文字和丰富的视觉元素，将中国独有的二十四节气文化娓娓道来，每一折都仿佛是一扇通往四时美景的窗棂。

图7-16 《中华二十四节气》的封面

总体而言，《中华二十四节气》的版式设计具有简洁明了的特点，如图7-17所示。文字的编排主要采用了中国传统的竖排形式，充分展现出古典韵味。同时，不同的字体、字号和行距，也使版面显得疏密得当、错落有致。不仅如此，浓墨重彩的满版图片与清爽的文字页面形成了鲜明的对比，能够给读者带来愉悦的视觉体验。此外，布满书法字体的腰封和烫破的硫酸纸内页，也增强了图书的艺术感与设计感。

图7-17 《中华二十四节气》的内页

任务实施

读书，是为了遇见更好的世界。在日常生活中，你是否邂逅过这样一本旅游指南，它不仅带领你看到如花似锦的现实世界，也帮助你构建丰富多彩的精神世界。接下来，请你找出一本版式精美、内容充实的旅游指南，向老师和同学们分享这本书的设计优点，并仿照它进行书籍版式设计吧。

1. 搜集资料

通过线上与线下渠道搜集旅游类书籍，从中挑选一本作为参考对象。

2. 分析案例

3～4人自由成组并开展小组讨论，分析所选书的版式设计特点。

3. 构思设计

根据所选书进行深入思考，并结合书籍版式设计的相关知识，初步确定设计方案。设计方案应当包括书的封面以及内页设计，且内页的数量不得少于4面。

4. 实施方案

根据设计方案绘制草图，并在草图的基础上反复修改以取得更好的视觉效果。

5. 展示作品

在班级中展示作品并讲述创作过程，由教师和其他同学提出问题和建议。

任务三　方寸之间——App界面版式设计

任务导入

音乐App：多样化的视听体验

随着信息技术的不断发展，越来越多的年轻人倾向于将智能手机作为主要的音乐播放设备，而这一风潮的实现离不开音乐App的支持。在手机应用市场中，我们可以搜索到数量众多的音乐App，它们拥有风格迥异、各具特色的界面，能够为不同用户群体提供多样化的视听享受，如图7-18所示。例如，有些音乐App的界面采用了扁平化风格，运用清爽的字体、二维的图标和简约的布局，帮助用户轻松理解和使用App；有些音乐App的界面则采用了拟物化风格，通过富有立体感和层次感的图标与纹理，模拟出现实物品的质感，为用户带来真实的使用体验。

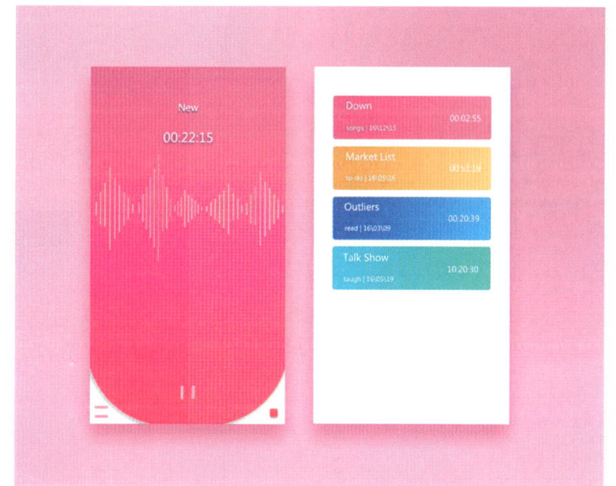

图7-18　各具特色的音乐App界面

简而言之，为了确保App界面的美观和实用，精美的版式设计是必不可少的。接下来，让我们一起学习App界面版式设计的特征与方法，在欣赏作品与完成任务的过程中增强版式设计能力吧。

一、App界面版式设计的特征

App是英文单词“Application”的缩写，中文通常翻译为“移动应用程序”。它是指在智能手机、平板电脑或其他移动设备上安装和运行的软件程序，用于执行特定功能或提供特定服务。[①] App的种类繁多，囊括了娱乐、社交、购物、教育等多个领域，极大地丰富了人们的日常生活。而用户必须根据

① 李东进，秦勇. 网络营销［M］. 北京：人民邮电出版社，2024.

App界面中的各种指示完成一系列操作，才能充分使用App。因此，App界面的版式设计通常具有下述特征。

（一）交互性

人机互动是实现App各项功能与服务的主要方式。人们通过点击、长按、拖曳和滑动等操作向移动设备发出指令，并通过界面显示的信息获取设备的反馈。这一互动过程是否流畅、顺利，直接关系到用户对App的满意程度与信任程度。在设计时，我们要将人机交互原理与美学法则相结合，打造出友好、直观的界面。例如，确保按钮、图标和其他元素的大小和位置适合手指操作，或设置点触效果、加载动画来提供明确的反馈，这些措施都有助于提升App界面的交互性。

（二）针对性

为了打造一款成功的App，我们必须认识到不同用户群体之间存在着需求与偏好的差异。因此，我们要明确市场定位，深入了解目标用户群体，并针对他们的具体需求选择相应的设计风格。例如，设计一款面向年轻人的社交类App时，宜采用活泼生动的字体、卡通化的图标以及明媚鲜艳的色彩，以打造出清新、浪漫的界面；而设计一款面向商务人士的办公类App时，宜采用简约大气的字体、扁平化的图标以及低调沉稳的色彩，以打造出典雅、庄重的界面。

（三）简洁性

在信息爆炸和生活节奏加快的背景下，人们越来越讲究工作与生活的效率。因此，一款界面简洁、操作简单的App往往更能获得用户的青睐。在设计时，我们要构建清晰的框架，删去多余元素，强调关键信息，帮助用户把注意力集中在必要的事务上，从而减轻用户的浏览负担。此外，可以将相对次要的功能或信息设计为可折叠或可隐藏的形式；当用户需要时，再通过点击等交互方式展开相关内容。

二、App界面版式设计的方法

一款App通常含有多种类型的界面，这些界面对版式设计有着不同的要求。接下来，我们将分别探讨这些界面的性质、特点与设计方法。

（一）启动页

启动页又称“闪屏页”，是指App在启动过程中向用户展示的界面，如图7-19所示。App启动需要一定的加载时间，而启动页有利于缓解用户在等待过程中产生的烦躁、焦虑等情绪。启动页由于曝光率较高，展示时间较长，逐渐演变成放置广告与宣传活动的主要界面。常见的启动页有品牌宣传型、活动推广型与节日关怀型等。

图7-19 App启动页示例

在设计启动页时，可以采用满版型版式，隐去状态栏、导航栏和标签栏等组件，让用户在第一时间关注到启动页中的文字、图标或图片主体。同时，满版型版式设计还能增强版面的整体性，使其显得和谐、饱满，从而为用户带来沉浸式的使用体验。

知识链接

App界面的主要组件

App界面通常由状态栏、导航栏、标签栏、主视觉区域和临时视图等组件构成，如图7-20所示。

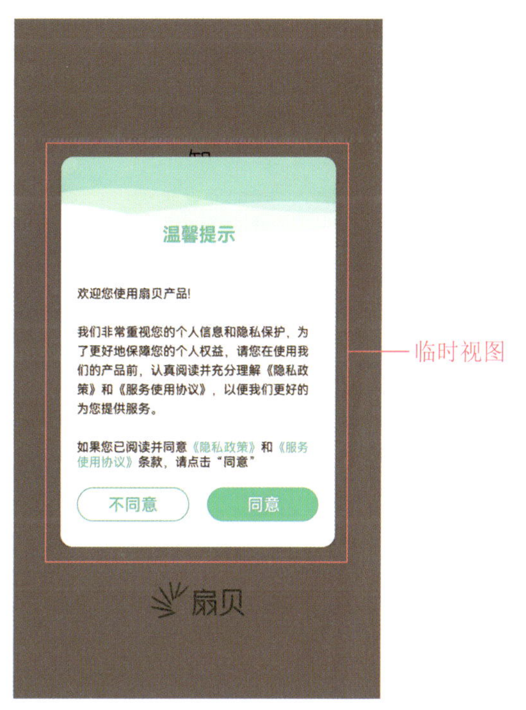

图7-20 App界面的主要组件

状态栏通常位于界面顶部，主要功能是显示运营商、状态图标、信号强度、电池电量和时间等信息。

导航栏通常位于状态栏的下方或者界面的侧边，主要功能是显示当前界面的标题，并提供返回键、搜索栏或其他按钮。

标签栏通常位于界面的底部，主要功能是显示一系列代表不同界面或功能的标签。用户可以通过点击这些标签来快速切换至相应的内容。

主视觉区域通常位于导航栏与标签栏之间，是界面内容的核心展示区，也是吸引用户、提升用户体验的关键所在。

临时视图并非App界面的固定组件，通常在用户执行某些操作后才会显示。临时视图的类型有警告视图、提示视图、对话视图和操作列表等。

（二）引导页

引导页是指用户安装或更新App后首次使用时出现的界面，如图7-21所示。引导页通常由3～5张连续界面组成，它的作用是借助文字、图片以及动画等形式，引导用户快速了解App的功能与用法。由于App在持续更新迭代，其功能与用法也可能发生变化。为了确保用户始终能够获得准确、有效的指导，引导页也需要定期更新。

图7-21　App引导页示例

在设计引导页时，应当注意多个界面之间的关联。首先，要合理安排每个界面的先后顺序，确保界面之间逻辑清晰、层次分明；其次，每个界面都应当采用统一的色彩、图标和字体等元素，以保持一致的风格；最后，可以采用适当的动画或交互设计，使界面的衔接更加连贯、流畅。需要注意的是，引导页的内容应当精练、准确，以便用户快速理解并掌握App的各项功能与用法。因此，我们在设计时要采用简洁的配色、图标与文字描述，使界面更加直观易懂。

（三）首页

首页又称“起始页”，是用户正式使用App的第一界面，如图7-22所示。首页通常是App核心功能的展示与操作区域，是体现App价值的关键界面。因此，首页的版式设计应当兼具实用性与美观性，既能让用户轻松上手，又能展现良好的视觉形象。

图7-22 App首页示例

与其他界面相比，首页的信息量较大，信息的种类较多。因此，选择合理的布局对于首页的版式设计而言尤为重要。常见的布局有以下几种。

1. 宫格布局

宫格布局是指用等分的格子来排列内容的布局，如图7-23所示。在宫格布局中，每个格子都是一个独立的入口，用户可以通过点击格子来访问相应的内容。宫格布局可以有效划分各个功能模块，使界面更加整齐、有序。同时，宫格布局还有良好的扩展性，可以让用户根据自身需求来添加或删减格子。

图7-23 宫格布局

2. 卡片布局

卡片布局是指用卡片形式呈现多条内容的布局，如图7-24所示。每张卡片由文字、图片、链接等元素构成，通常以图片或视频作为主要展示对象。用户可以直接通过卡片预览相应的内容，也可以通过点击卡片获取详细信息或执行特定操作。

图7-24　卡片布局

3. 列表布局

列表布局是指用列表形式呈现多条内容的布局，如图7-25所示。列表中的各条内容通常垂直排列，用户可以通过向上或向下滑动界面来查看更多的列表项。列表布局条理清晰，排列整齐，既能展示大量信息，又能给用户带来良好的观感。

图7-25　列表布局

4. 瀑布流布局

瀑布流布局是指模仿自然界中瀑布的流动形态，将内容从上到下堆叠的布局，如图7-26所示。这种布局的优势在于能够有序排布不同尺寸的内容，使版面错落有致、富有动感，进而增强浏览过程的趣味性。瀑布流布局的另一个优势在于操作便捷，能够刺激用户持续探索。用户无须频繁地切换界面，只需向上或向下滑动当前界面，新的内容便会持续流入。

图7-26　瀑布流布局

在实际设计中，要综合运用多种布局来划分区域、区分组件，使版面更加充实、丰富；同时，要注意保持版面的整体性。我们可以统一色彩、图标和字体等元素，以明确App的定位与特色，塑造出和谐有致的App形象。此外，还要注意内容的层级，将重要信息和常用功能放在突出位置，并通过对比鲜明的配色和字体予以强调。

（四）详情页

详情页是指展示产品、服务的详细信息的界面，如图7-27所示。详情页的作用是帮助用户全面了解特定对象，为用户的决策提供参考依据。

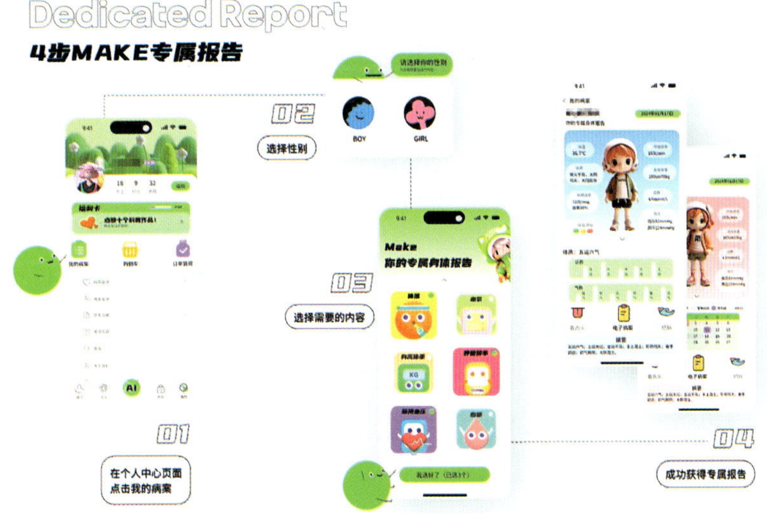

图7-27　App详情页示例

在设计详情页时，要考虑到用户的浏览习惯和心理需求，并结合具体的展示内容选择相应的布局。当详情页中文字信息较多时，要把控好字号、字距与行距，从而为用户带来舒适的阅读体验。

知识链接

App的字号设置

移动设备的屏幕较小，光线微弱。因此，App界面中的字号设置直接影响着用户的阅读体验。通常情况下，App中的标题字号大小应设置在34 px～36 px之间，正文字号应为32 px～34 px，最小字号不应低于20 px。

三、优秀作品赏析

形色App：群芳各占春秋妙

形色是一款拍照识别植物的应用程序，如图7-28所示。当我们在日常生活中遇到不认识的花草树木时，用形色App拍摄并上传图片，就能即时获得植物的名称、资料与比对图。形色App还会提供花语诗词、植物趣闻等内容，帮助用户加深对植物的了解。

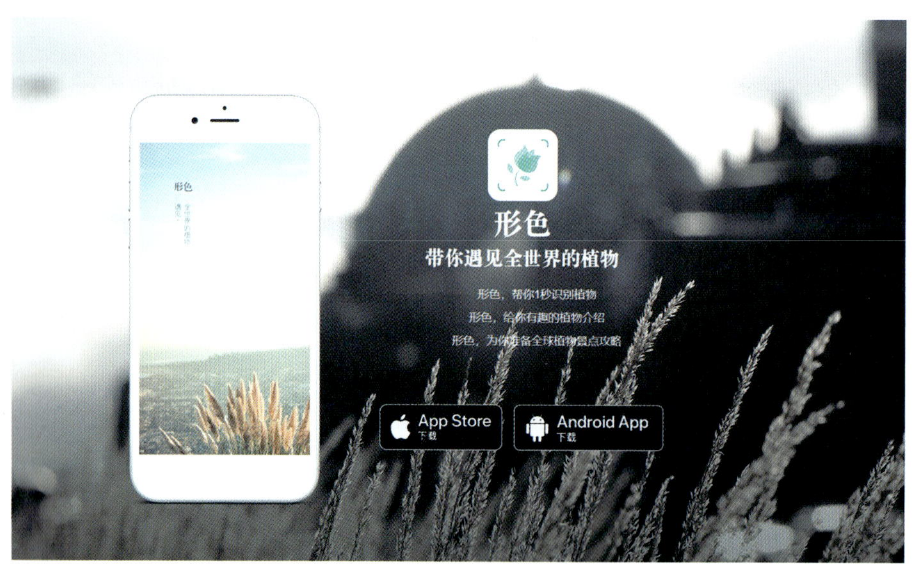

图7-28　形色App官网简介

形色App的首页主要由导航栏、标签栏与主视觉区域构成，如图7-29所示。其中，底部标签栏的正中有一个醒目的圆形图标，对应了形色App的核心拍照功能，其两侧的图标以及顶部导航栏的图标则各自关联了不同的界面。首页的主视觉区域采用了卡片布局，每张卡片都以图片作为主要展示对象。形色App其他界面也主要采用了卡片布局，如图7-30所示。这种布局能够让用户在浏览时看到更多植物的细节，进而判断植物的种类，十分切合App的定位与需求。

图7-29　形色App的首页

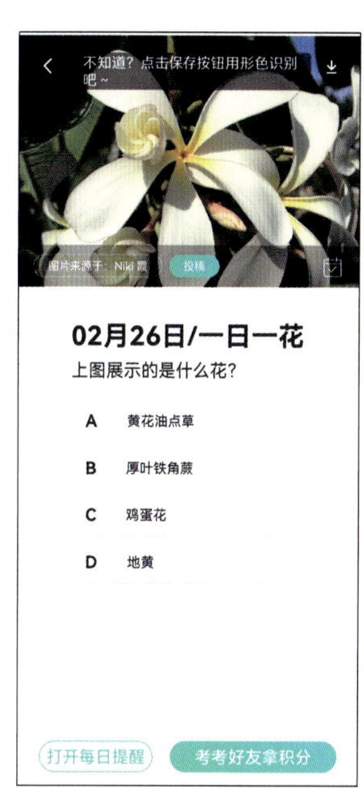

图7-30　形色App的其他界面

App界面调整案例

任务实施

古典诗词是中华文化的瑰宝。它们如同一颗颗璀璨的明珠，在历史的长河中闪烁着耀眼的光芒。古典诗词以其精练的语言、丰富的想象和深刻的情感，滋养了一代又一代的中华儿女。学习古典诗词，不仅是对自身精神世界的滋养与提升，也是对优秀传统文化的继承与发扬。如今，智能手机已经成为人们日常生活中的重要工具。只要用手机打开相关App，我们就能随时随地学习古典诗词。为了让更多人加入学习的行列，让我们运用版式设计的知识，为古典诗词App打造出既富有文化底蕴又符合现代审美的界面吧。

1. 搜集案例

搜索并下载与古典诗词相关的App。

2. 分析案例

打开下载的App，了解其主要功能与使用方法，分析App界面的版式设计有哪些优缺点。

3. 构思设计

根据分析的结果进行深入思考，并结合App界面版式设计的相关知识，初步确定设计方案。

4. 实施方案

根据设计方案绘制草图，并在草图的基础上反复修改以取得更好的视觉效果。

5. 展示作品

在班级中展示作品并讲述创作过程，由教师和其他同学提出问题和建议。

项目实训

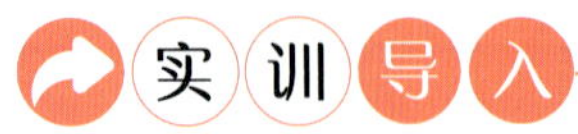

社团是一个大家庭，汇聚了充满热情、志趣相同的年轻学子。少年们在这里尽情施展才华、谱写青春、结交朋友。每个社团都有自己的特色，承载着不同的理想与追求。例如，文学社团里，诗意与情怀从笔墨纸砚中流出；艺术社团中，梦幻的世界在歌声与舞蹈中浮现；科技社团里，一个个奇思妙想在思维的碰撞中诞生……

社团文化节在即，每一位社团成员都将倾尽全力，向广大师生展示社团的风貌与魅力。为了让更多人了解社团的信息，社团成员们还会制作相应的海报、传单与画册对社团进行宣传，如图7-31所示。

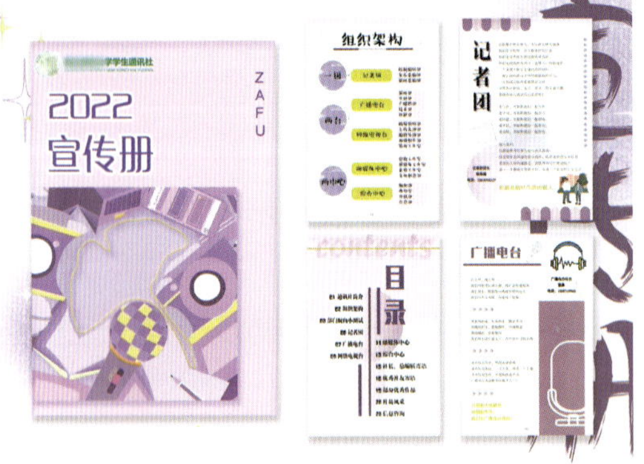

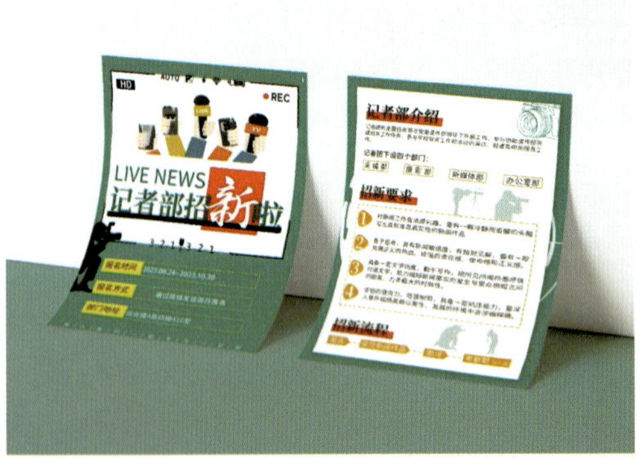

图7-31　多种形式的社团宣传物料

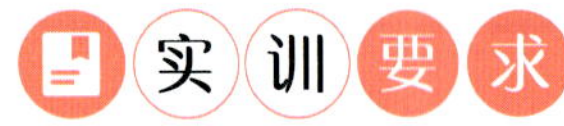

请同学们运用所学知识，通过小组合作的方式，为某个社团制作一份宣传物料。

1 自由结组

同学们自由组队，4～6人一组，组内推选出一名小组长，小组长根据任务内容合理分工。

2 搜集资料

广泛搜集优秀的社团宣传物料，包括但不限于海报、传单与画册。

3 分析案例

分析搜集的宣传物料的版式设计有哪些优缺点，以及采用了哪些设计方法。

4 设计宣传物料

（1）创意构思

开展小组讨论，确定宣传物料的具体形式，并结合所学知识提出设计方案。

（2）绘制草图

根据小组讨论时确定的设计方案绘制草图，并对细节进行修改。

（3）设计作品

在确保符合设计主题和设计要求的基础上，结合版式设计的相关知识，运用Adobe Photoshop、Adobe Illustrator等软件设计作品，并将作品印制出来。

5 展示与交流

各小组分别派一名代表展示本小组的成果，并做简单说明，然后收集、整理教师与其他同学的建议和评价，课后继续修改和完善作品。

6 作品评选

由教师和同学们共同投票选出优秀作品和优秀小组，并予以嘉奖。

项目评价

以小组为单位，各组成员结合任务实施和项目实训的情况对本项目的学习效果进行自评和互评，并请教师进行总体评价，完成后填写项目评价表，见表7-1。

表7-1 项目评价表

<table>
<tr><th rowspan="2">评价指标</th><th rowspan="2">评价标准</th><th rowspan="2">分值</th><th colspan="3">评价得分</th></tr>
<tr><th>自评</th><th>互评</th><th>师评</th></tr>
<tr><td rowspan="4">知识与技能评价（50%）</td><td>了解海报、书籍和App界面版式设计的特征</td><td>10</td><td></td><td></td><td></td></tr>
<tr><td>掌握海报、书籍和App界面版式设计的方法</td><td>10</td><td></td><td></td><td></td></tr>
<tr><td>具备搜集优秀版式设计案例和赏析案例的能力</td><td>15</td><td></td><td></td><td></td></tr>
<tr><td>能够根据不同应用领域的要求进行版式设计</td><td>15</td><td></td><td></td><td></td></tr>
<tr><td rowspan="3">过程与方法评价（25%）</td><td>课前认真预习，搜集版式相关知识</td><td>5</td><td></td><td></td><td></td></tr>
<tr><td>能够积极参与课堂互动</td><td>5</td><td></td><td></td><td></td></tr>
<tr><td>能够高质量、高效率地完成各项任务，并不断反思、总结</td><td>15</td><td></td><td></td><td></td></tr>
<tr><td rowspan="3">核心素养评价（25%）</td><td>在赏析和传统文化相结合的案例的过程中，增强文化自信</td><td>5</td><td></td><td></td><td></td></tr>
<tr><td>具备良好的学习态度，能够主动提升设计实践能力和培养创新意识</td><td>10</td><td></td><td></td><td></td></tr>
<tr><td>在完成任务实施和项目实训的过程中，积极同他人分享和交流，认真听取他人建议</td><td>10</td><td></td><td></td><td></td></tr>
<tr><td>总评</td><td>自评（20%）+互评（20%）+师评（60%）=</td><td colspan="4">教师（签名）：</td></tr>
</table>

参考文献

［1］侯维静. 版式设计基础与实战［M］. 北京：人民邮电出版社，2022.

［2］胡卫军. 版式设计从入门到精通［M］. 4版. 北京：人民邮电出版社，2022.

［3］张建生. 平面设计师之路：版式设计原理与实例指导［M］. 北京：人民邮电出版社，2022.

［4］陈根. 版式设计：从入门到精通的进阶宝典［M］. 北京：电子工业出版社，2021.

［5］丛昌楠. 平面设计师参考手册：版式设计［M］. 北京：人民邮电出版社，2021.

［6］潘建羽. 版式设计从入门到精通：基础理论+图文编排+网格运用+色彩搭配+商业实训［M］. 北京：人民邮电出版社，2021.

［7］顾燕. 版式设计基础与实战［M］. 北京：人民邮电出版社，2019.

［8］红糖美学. 版式设计从入门到精通［M］. 北京：中国水利水电出版社，2019.

［9］王斐. 版式设计与创意［M］. 北京：清华大学出版社，2017.

［10］贺鹏，谈洁，黄小蕾. 版式设计［M］. 北京：中国青年出版社，2012.

［11］ArtTone视觉研究中心. 版式设计从入门到精通［M］. 北京：中国青年出版社，2011.

［12］［美］约翰・麦克韦德. 超越平凡的平面设计：版式设计原理与应用［M］. 侯景艳译. 北京：人民邮电出版社，2010.

［13］许楠，魏坤. 版式设计［M］. 北京：中国青年出版社，2009.

［14］周峰. 版式设计［M］. 北京：北京大学出版社，2009.

［15］李喻军. 版式设计［M］. 长沙：湖南美术出版社，2009.

［16］［美］金伯利・伊拉姆. 栅格系统与版式设计［M］. 王昊译. 上海：上海人民美术出版社，2006.